U0158044

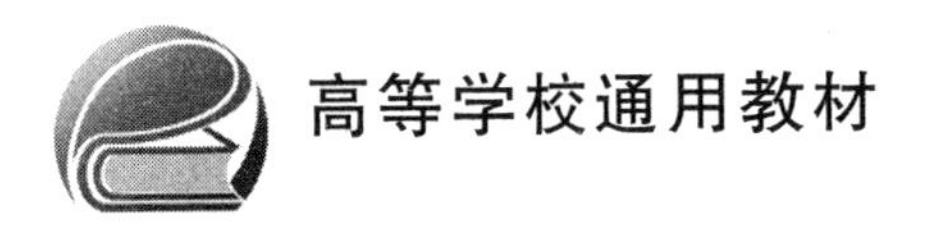

飞行安全导论

蒙志君　姜晓爱　编著

北京航空航天大学出版社

内容简介

本书针对飞行器设计专业特点以及商用飞机领域的适航专业应用需求，从人为因素、环境因素、飞机因素三方面讲解飞行安全、飞机安全性设计、飞机系统安全性评估等与飞机设计专业知识密切相关的内容。全书共7章，分别介绍飞行安全概况、人为因素与飞行安全、环境因素与飞行安全、飞机适航性与飞行安全、飞机安全性设计、飞机系统安全性评估及飞行安全的发展趋势与挑战等方面的内容。书中概念浅显易懂，并引用大量飞行事故案例进行分析说明，是航空航天飞行安全的入门教材。

本书可作为飞行器设计专业领域适航方向本科生的教材，也可作为商用飞机相关技术人员的参考用书。

图书在版编目(CIP)数据

飞行安全导论 / 蒙志君，姜晓爱编著. -- 北京 ：北京航空航天大学出版社，2022.3

ISBN 978-7-5124-3765-4

Ⅰ. ①飞… Ⅱ. ①蒙… ②姜… Ⅲ. ①飞行安全 Ⅳ. ①V328

中国版本图书馆 CIP 数据核字(2022)第 049814 号

飞行安全导论

蒙志君 姜晓爱 编著

策划编辑、责任编辑 蔡 喆

*

北京航空航天大学出版社出版发行

北京市海淀区学院路37号(邮编100191) http://www.buaapress.com.cn

发行部电话:(010)82317024 传真:(010)82328026

读者信箱: goodtextbook@126.com 邮购电话:(010)82316936

北京建筑工业印刷厂印装 各地书店经销

*

开本:787×1 092 1/16 印张:11.25 字数:288千字

2022年3月第1版 2022年3月第1次印刷 印数:2 000册

ISBN 978-7-5124-3765-4 定价:39.00元

前　言

飞机发明近120年来，飞行技术发展突飞猛进。从最初的飞行事故频发到现代飞行成为最安全的出行方式，得益于人们对航空安全的不断研究和改进。虽然目前飞行事故率已经达到人们能够接受的非常低的水平，但由于当前的航空运输量巨大以及航空事故的社会影响巨大，使飞行更加安全依然是航空专业人员努力的方向。

在影响飞行安全的众多因素中，任何一种因素都可以展开专业的研究。本书的编写目的是帮助航空专业学生建立起有关飞行安全的基本概念和框架，从而为后期在相关专业的学习和工作中深入研究飞行安全打下基础。本书对于涉及的某些方向的专业知识并没有详细的阐述，如果对书中涉及的某些专业内容感兴趣，读者可以进行相关专业的深入学习。

本书围绕影响飞行安全的众多因素中，阐述了人为因素、环境因素和飞机因素对飞行安全的影响，还介绍了飞机安全性设计、系统安全性评估的相关基础知识。早期的航空事故多是由于技术或设备的问题引发，随着航空技术的不断进步与完善，人为因素已经成为目前影响飞行安全的主要因素。飞行安全的环境因素可归纳为社会环境、机场环境和气象条件。飞机因素包括飞机的适航性、安全性设计等。飞机因素与适航及飞行器设计相关专业学生的专业知识密切相关，是本书的重点内容。在介绍影响飞行安全的基本概念和原理时，结合典型飞行事故案例进行分析，理论联系实际，有利于加深学生对相关知识的理解。本书内容通俗易懂、丰富翔实，适合飞行器适航类专业学生阅读，同时对飞行器设计及相关专业学生的学习也有一定的参考价值。

本书成稿前，作为讲义与学习资料一直用于飞行器适航专业大学四年级本科生的专业选修课，得到了学生们的肯定。不少学生还对本教材的修改提出了宝贵意见，在此对他们深表感谢。本书编写过程中，参考了大量的国内外相关书籍和文献资料，在此谨对原作者们深表感谢。

本书涉及航空科学技术的诸多领域，鉴于编者的水平有限，如有不当之处，恳请读者批评指正。

编　者

2022年2月于北京

目　　录

第1章 绪 论

自莱特兄弟于1903年发明飞机，航空技术经历了100多年的发展历程，飞机已经得到广泛应用，为人类的各项活动提供了极大的便利，但是飞行安全问题也伴随着飞机的发明而出现。100多年来，飞行从一开始的安全事故频发，到现在已发展成为最安全的出行交通工具，飞行安全技术得到了极大的提升。虽然飞机的安全性已经达到了很高的水平，但是由于目前世界航空运输量巨大，空难依然时有发生，而且空难的社会影响巨大，飞机的安全性依然是人们乘坐飞机出行主要关注的问题之一。

安全是人类的基本追求，是人类的基本需要，是人类永恒的主题。飞行安全是民航永恒的主题，这不是凭空臆造的，而是在飞行实践中从血的教训中得来的。航空器能够在空中飞行是经过无数次失败的教训用血的代价换来的成功。如果没有飞行安全，即不能保证旅客生命财产免受损害，民航也就失去了存在和发展的根基。

民用航空活动是通过航空器在空中的飞行，实现旅客、货物、邮件的运输，完成工业、农业以及科研、抢险、救灾等任务。航空器在空中的活动相对于其他在地面、水面活动的运输工具，风险更大，遇到特殊情况处置更复杂，特别是运输式航空飞行直接关系到社会公众的生命财产安全。因此，保证民用航空器的飞行安全对民航有着特殊重要意义，这成为国际民航组织、各国政府、航空器制造厂家、航空企业共同的不懈追求和奋斗目标。1944年12月，180多个国家批准加入的《国际民用航空公约》的序言中规定："签字各国政府议定了若干原则和办法，使国际民用航空按照安全和有秩序的方式发展"。民用航空不安全的直接后果就是发生事故，因此，英国著名的航空安全专家罗伯特专门以"安全即是无事故"为题写过一本书。保证飞行安全的目标就是预防、杜绝、消灭飞行事故的发生。由此可知，研究飞行事故发生的原因，分析飞行事故发生的规律，探索预防飞行事故发生的措施、方法等就成为世界各国民航保证飞行安全的重要工作。

1.1 典型航空事故特征

民航飞行安全是指航空器在运行中处于一种无危险的状态，即民用航空器在运行过程中，不出现由于民用航空器质量、飞行机组操纵原因以及其他原因而造成民用航空器上的人员伤亡和航空器损坏的事件。为了降低飞行事故、提高飞行安全，人们不断地努力和探索。针对空难进行分析研究是提高飞行安全的非常重要的环节。分析研究发现，大部分空难都具有一些类似的特征。

1.1.1 典型航空事故案例

案例一：2010年波兰空难

2010年4月10日，波兰的一架图-154M客机从华沙飞往斯摩棱斯克空军基地，由于机场浓雾，能见度低，飞机坠毁导致机上96人全部丧生，其中包括波兰总统、议长、三军总司令等军政要员88人，举世震惊。

波兰空难事故调查委员会公布的调查报告认为,导致该起空难事故的主要原因是,专机机组人员在接到地面警告后未及时转降备降机场而是决定继续降落,在机组人员肉眼无法看清地面的条件下,飞机飞行高度低于最低高度且飞行速度过快、第二次试降操作迟缓等,从而导致飞机受损,左侧机翼被撞,飞机失去控制撞向地面。

案例二:2010年伊春空难[①]

2010年8月24日21:38,河南航空VD8387航班在接近黑龙江省伊春市林都机场时发生事故,44名人员遇难,飞机被火烧毁。

事发当日,机场大雾,能见度低,机长违规实施进近着陆;其次,航线开通仅7架次,调用缺乏经验的机长,该机长执飞ERJ-190机型仅1年,当日是机长首次执飞该航线。国家安全生产监督管理总局的调查人员得出结论认为,作为事故当班机长,未履行《民用航空法》关于机长法定职责的有关规定,违规操纵飞机低于最低运行标准实施进近,穿越最低下降高度实施着陆,在撞地前出现无线电高度语音提示,且未看见机场跑道的情况下,仍未采取复飞措施,继续实施着陆,导致飞机撞地,对事故的发生负有直接责任。

1.1.2 特征分析

1. 大多数发生在进近着陆阶段

很多空难发生在飞机进近着陆阶段。进近着陆8 min和起飞阶段3 min是航空飞行器最容易发生事故的阶段,民航人将其称为"危险的11 min"。航空器起降阶段事故所占比例很大,达总数的72.9%。在起降阶段,航空器姿态调整多,其本身的问题容易暴露。其他很多原因如机组操作不当、天气恶劣、地面组织指挥人员差错等所引发的不良后果也往往表现在这个阶段。

图1.1显示了自1959年起喷气飞机投入商用飞行(平均飞行时间为1.5 h)以来,各个飞行阶段发生事故的百分比。记录在案的飞行事故中,近一半发生在最后进近和着陆阶段。

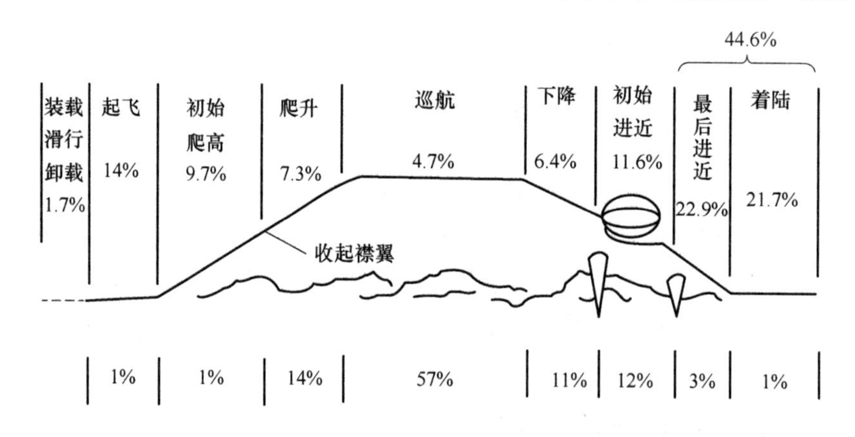

图1.1 世界商用大型喷气机各飞行阶段飞行事故统计

① 《河南航空有限公司黑龙江伊春"8·24"特别重大飞机坠毁事故调查报告》,国务院调查组,2012年6月29日。http://mem.gov.cn/gk/sgcc/tbzdsgdcbg/2012(中华人民共和国应急管理部特别重大事故调查报告)

2. 可控飞行撞地

可控飞行撞地是指一架可用的飞机在飞行机组的控制下，非故意地飞向地面(形)、障碍物或水面，通常机组没有逼近相撞的预先意识。图1.2所示为1987—1996年世界商用大型喷气机事故的种类统计。1987—1996年，可控飞行撞地事故造成2 396人死亡，超过了所有商用飞行事故死亡总人数的一半。

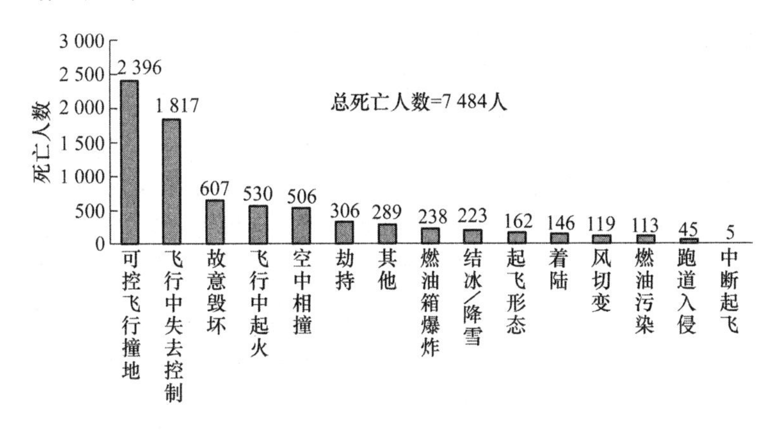

图1.2 1987—1996年世界商用大型喷气机事故的种类统计

3. 人为因素是主要原因

造成飞行事故的主要因素包括飞机机组、飞机、维修、天气、空管等多种因素，其中飞机机组属于人为因素，是飞行事故的主要因素，占事故原因的70%左右。目前由于飞机的设计和制造技术已经非常完善，因此对人为因素导致的飞行事故进行研究是飞行事故研究的主要内容。

4. 气象条件是诱导因素

气象条件是飞行事故的一个重要诱导因素。天气原因会导致能见度下降、飞机操纵困难、人员紧张误判等进而影响飞行安全，常常会成为人为失误的诱因，与人为因素共同组成许多空难的主要原因。在天气因素中，风切变和大气紊流会对飞行安全直接产生极大的影响，尤其是在飞机的进近着陆阶段。

1.2 航空器适航性

民航适航管理是保障飞行安全的核心。适航管理的主要内容包括制定适航标准和审定监督规则、航空器型号设计合格审定、航空器制造生产许可审定、航空器运行前的适航审查和持续适航管理。其中，持续适航管理涵盖了飞行器的使用阶段和维修阶段，是飞机设计制造完成后关系飞行安全的主要内容，包括适航性监督持续运行安全性和维修机构及人员的审查和监督。

1.2.1 适航性定义

飞机的适航性源于安全性。适航性的英文单词Airworthiness，牛津字典解释为航空器适合在空中飞行的性质(Fit to fly)。准确地讲，适航性是航空器能在预期的使用环境和使用限制条件下安全飞行(包括起飞和着陆)的固有品质，这种品质可以通过合适的维修而持续保持。

适航包括三大要素:安全状态、达到规定的要求和许用限制。安全状态包括人员安全、设备安全和环境安全。达到规定的要求指飞行器根据一定的标准设计和制造,并经过适航认证。许用限制指飞机使用必须遵循一定的要求,包括飞机的使用预期环境要求(比如大气、机场、航路、空管等条件)和飞机自身使用限制(包括飞行中的速度、高度、重量①、重心等指标限制)。

1.2.2 适航标准

适航标准是为了飞机的安全性制定的法规性文件,涉及飞机的设计、制作、使用和维修。该标准具有法规性、务实性、稳健性和平衡性等特点。法规性是指适航标准是政府管理部门或授权管理部门对航空器的安全性进行控制而制定的,多数以法律条文的格式编写。务实性是指适航标准多数以民用航空的实践,尤其是空难事故调查结果为背景,并在大量试验研究的基础上制定的。稳健性是指适航标准只反映已被证实的、成熟的技术,不反映最新的进展,谨慎对待新材料、新工艺、新技术。平衡性是指安全性与经济性的平衡,适航标准是最低安全标准,即最基本的、起码的安全标准,是经济负担最轻的安全标准。

目前世界上适航标准有美国的适航标准——联邦航空条例(FAR)和欧洲的适航标准JAR。中国参考美国适航标准FAR制定中国民用航空规章CCAR。

1.3 飞行安全因素

1.3.1 飞行安全概念

1. 安　全

安全伴随着人类的诞生而出现,人类的一切进步都是在有安全保证的前提下获得的。按照一些安全科学书籍上的解释,“安全是人的身心免受外界不利因素影响的存在状态(包括健康状况)及其保障条件”。简单地说,人的躯体和生理功能在外界不利因素影响下,处于免受损伤、毒害的无危险状态,并能健康舒适地进行各种社会活动。

2. 飞行安全

飞行安全是指飞行圆满完成,飞行过程正常,没有造成人、物、环境的破坏。

民航飞行安全是指航空器在运行中处于一种无危险的状态,即民用航空器在运行过程中,不出现由于民用航空器质量和飞行组操纵原因以及其他原因而造成民用航空器上的人员伤亡和航空器损坏的事件。

1.3.2 影响飞行安全的因素

飞行活动是一个非常复杂的技术活动,影响因素众多,可划分为三个方面:人为因素、环境因素和飞机因素,如图1.3所示。任何一个因素出现问题都直接影响飞行安全。经统计发现,由两种及以上因素引起飞行事故的概率为72%。上述因素有主观因素,也有客观因素。

---

① 本书中“重量”均指物理学所述“质量”。

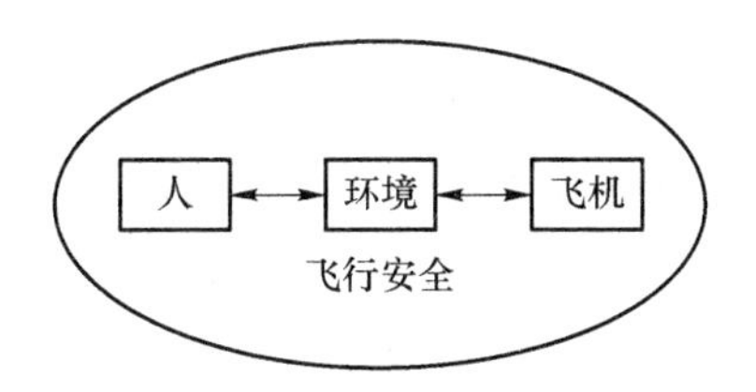

图1.3 飞行安全因素

1. 人为因素

人为因素是飞机运行中的主动部分，包括机组、地勤、空管等。随着飞机安全性设计技术的不断发展和完善，飞机本身的安全性水平已经很高，但人的水平没有大的提高，因此目前对人为因素的研究已经成为预防飞行事故的主要工作。

2. 环境因素

环境因素是影响飞行的外部因素，包括气象条件、机场条件和社会/政治环境等。复杂气象条件是造成飞行事故的主要诱导因素。机场地理条件如果较为复杂，也会给飞机的起降造成困难。社会/政治环境会导致一些极端或非法行为产生，进而威胁飞行安全。

3. 飞机因素

飞机因素是航空器的内部因素，即通常所说的飞机的适航性，包括飞机设计、制造、运行和维修等。飞机因素导致的飞行事故表现在以下几方面：飞机设计缺陷、飞机制造缺陷、飞机系统故障和飞机服役时间等。

飞机的安全水平在飞机设计制造完成后就已经确定。但随着使用时间的累积，飞机的安全水平会随着材料、设备性能的下降呈现下降趋势。同时，不同的使用方式和维修维护对安全水平产生的影响不同。适航管理要求，在飞机的全生命周期内，飞机的安全水平必须高于最低适航水平，否则禁止使用。因此，要保证飞机的安全性水平满足适航要求，必须符合四方面要求，即完善的设计、优质的制造、良好的使用和有效的维修。

1.4 飞行安全形势

民航安全包括六方面即飞行安全、空防安全(防止非法干扰)、客舱安全、航空地面安全、危险品运输和搜寻与救援安全。其中，飞行安全是民航安全的重要组成部分。

1.4.1 飞行安全特点

民航飞机是一个高技术集成的复杂系统，其设计、制造、使用和维修都需要高资金投入，而且任何环节都会影响飞行安全。民航飞行处于高空高速，与地面交通相比，飞行过程具有高风险的特点。民航飞机是一个复杂的大系统，包含许多专业，设计制造难度大，实现安全飞行的难度也很大。民航活动范围广，涉及全球许多国家，因此飞行安全具有国际性的特点。

航空飞行从最初少数人体验的冒险活动发展成为拥有大量稳定市场的服务项目，但公众认为该行业充满了危险。飞行事故导致的飞机全毁，并伴随着人员的大量死亡，往往成为国内或国际新闻的焦点。因此航空事故具有受关注程度高、负面影响大、损失不可预见性、旅客高层次性和直接损失大等特点。

飞行事故按照飞机和人员的伤亡程度分为特别重大飞行事故、重大飞行事故和一般飞行事故。“特别重大飞行事故”是指死亡或失踪人数40人以上;“重大飞行事故”是指死亡或失踪人数1～39人或5.7 t以上的航空器严重损坏或迫降在无法运出的地方;“一般飞行事故”是指人员重伤10人以上(即零死亡)或航空器一般损坏。

航空飞行除了发生飞行事故外,还包括大量事故征候。事故征候是不构成事故但影响或可能影响安全的事件。事故征候如果不进行预防排除,有可能发展成飞行事故,因此分析研究事故征候也是保障飞行安全的重要内容。

1.4.2 世界飞行安全状况

目前常用三个指标来描述航空安全的水平,即百万架次事故率、百万飞行小时事故率和亿客公里死亡人数。

1935年以前,飞行安全水平很低。每40名航班的飞行员中,31人死于飞行事故,飞行员的平均飞行寿命3年。2000年以来,安全水平得到大幅提高,亿客公里死亡人数为0.009。目前,航空安全水平进一步提升,百万架次飞行事故次数为0.40。但是由于目前经济活动频繁,人员交往密切,全球航班量巨大,全世界平均每3周左右发生一次重大空难。为此,航空安全依然是关注重点。

世界航空经过百年的发展历程,随着航空技术与管理水平的进步,航空飞行事故率已经很低了。表1.1所列的数据表明,目前,飞机已成为最安全的运输交通工具。

表1.1 不同交通工具安全性对比

车 项	每百万乘客死亡人数
摩托车	49
自行车	34
汽 车	6.7
铁 路	0.7
民航客机	0.1

民航飞行事故率随着航空技术的发展而不断降低,如图1.4所示。飞行安全水平与经济发达水平密切相关,经济发达国家和地区安全水平高,经济落后地区安全水平低于发达地区,如图1.5所示。

1.4.3 事故防范

影响飞行安全的环节包括决策管理层、一线人员的操纵、飞机状态、设备、防错设计、人员的知识技能及环境因素等,如图1.6所示。飞行事故的发生,必然是多个环节同时出现差错或遗漏导致,如图1.7所示,要保障飞行安全就要在链条上的每一个环节共同采取措施。飞机系统各个环节相互之间进行互补、监督,任何单一环节出现问题,其他环节都可以进行检查补救,从而使飞行安全保持在高水平状态。

航空技术的不断更新、民用航空规模的飞速壮大,给航空安全带来了巨大的挑战。随着社会的进步,人们对生命安全越来越重视,对飞行安全的要求也越来越高。

年事故率

致命事故——全球商用喷气式客机——1959—2019年

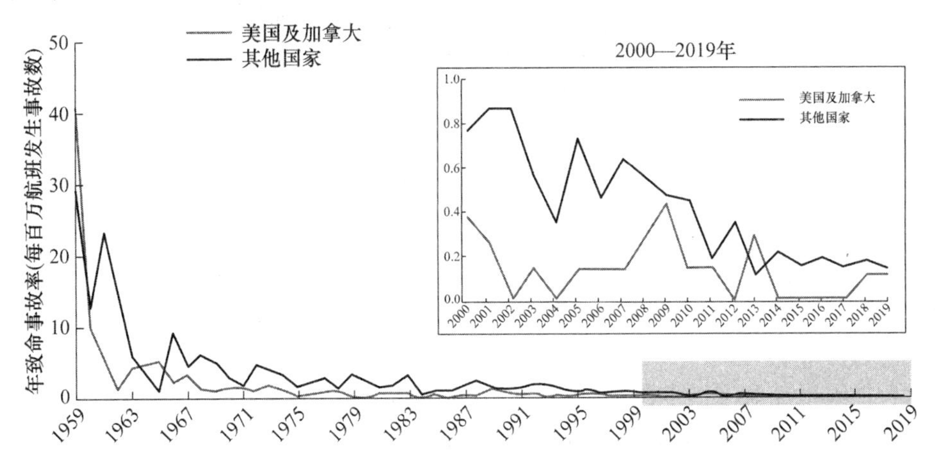

图 1.4　1959—2017 年世界商业大型喷气机队飞行事故率

西方制造运输机失事率，根据航空公司指定机构，2011—2015年

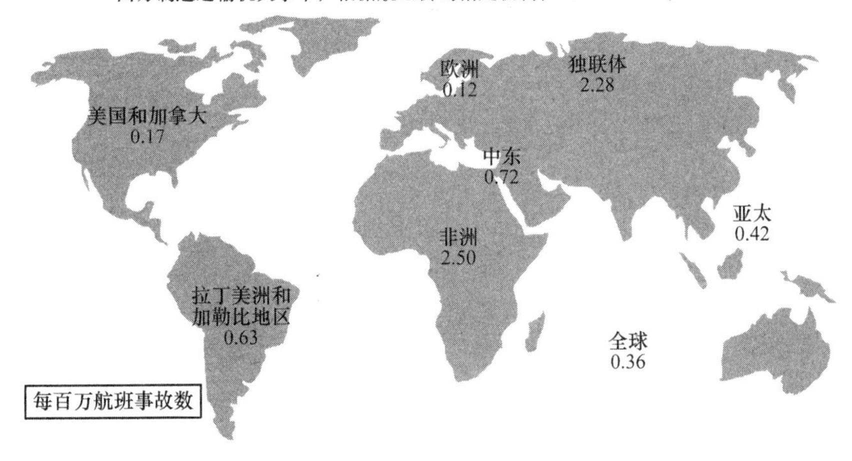

图 1.5　2011—2015 年西方造商业大型喷气机事故率(每百万架次)

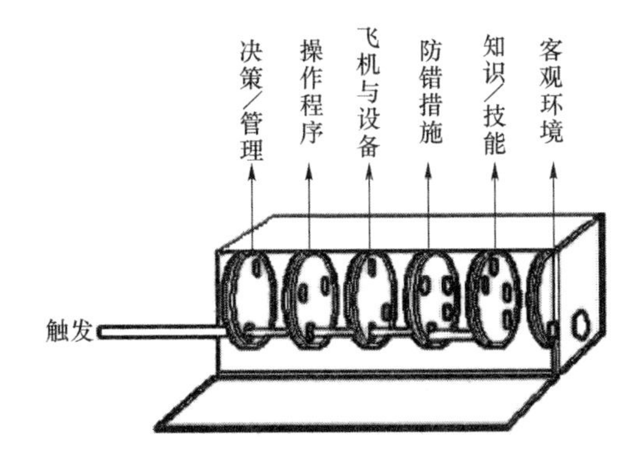

图 1.6　事故触发机理分层次模型

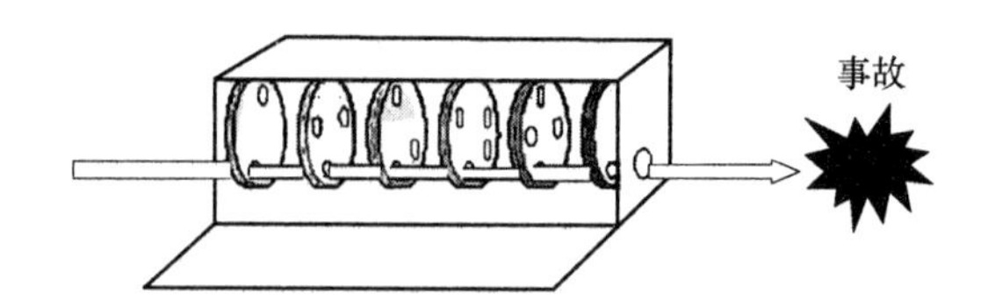

图 1.7　事故触发机理

航空事故的发生表面看具有偶然性，但事后调查发现，发生事故的飞机系统必然存在缺陷。从系统安全的观点看，任何事故的发生都是系统自身存在缺陷的后果。也就是说，航空事故的发生从设计缺陷的角度讲具有必然性。因此，通过分析事故发生的偶然性和必然性之间的规律，从偶然的事故中找出其发生的规律，为预防飞行事故提出解决办法，可以肯定，大部分空难是可以预防的。

虽然目前乘坐民航飞机是最安全的出行方式，但让飞行更加安全永远是航空人努力的方向。研究飞行事故，分析其发生的原因和机理，从事故中吸取教训，达到防患于未然，不断提高飞行安全水平是全世界共同的目标。

本章思考题

1. 影响飞行安全的因素有哪些？
2. 飞行事故分为哪几类？为什么要重视对事故征候的研究？

第2章 人为因素与飞行安全

2.1 人为因素概述

人是航空系统中最灵活、最具适应性和最有价值的部分，但其表现也是最易受到不利影响的。随着航空技术设备的改进和根据失效安全原则制造设备及自动化装置的采用，因飞机系统失效而发生飞行事故的比例大量减少，但是人为因素对飞行安全的影响却增大了。目前，人为因素已经成为影响飞行安全的主要原因。

影响航空器飞行安全的人员包括飞行机组、地勤人员和空管等。表2.1所列为统计的飞行事故的主要因素，包含飞行机组、飞机、维修、天气、机场及空中交通管制。可以看出，飞行机组是发生航空事故的主要原因，其导致的飞行事故占事故总数的70%左右。

表2.1 1987—1996年世界商用大型喷气式飞机事故主要原因统计

主要因素	事故数量
飞行机组	64
飞　机	18
维　修	16
天　气	12
机场/空中交通管制	10
其　他	15

多年来飞行事故的调查结果表明，3/4的事故是由于人的表现不佳（人为差错）造成的。2010年某空难（违反进近程序）、2010年波兰空难是由于机组人员的错误造成的空难，1985年日本航空123号班机空难是由于工程师未妥善维修受损的机身尾部造成飞机飞行性能改变。1977年西班牙特那里夫岛空难原因是空管人员工作失误。人为因素对于绝大多数航空器事故中被作为主要事故因素这个严酷的现实，唤醒了航空界人士对人为因素的重视。航空安全过去50年主要精力放在硬件安全性设计上，而今硬件已非常可靠了，如今研究人为因素对飞行安全的影响成为航空安全研究的重要内容。

2.1.1 人为因素定义

“人为因素”通常是指与人有关的所有因素。国际上的定义是：“人为因素是通过系统应用人为科学，在系统工程框架中优化人与其活动的关系”。这里的人包括生活和工作环境中的人。关系指人与机器、程序和环境的关系，还包括人与人之间的关系。活动是指人与人之间的通信交流以及个人行为与团队行为的关系。“在系统工程中”是指人为因素专业人员应试图理解，当在相互影响的工程领域中工作的人们必须做出决策时，他们的目标、方法、困难和限制。在航空飞行活动中，对人为因素研究主要关心的问题包括研究人的机体和本性、人的能力和极限以及单独工作与作为团队工作时的行为。

人为因素具有多学科性。从心理学的角度可理解为人们处理信息做出决策的过程。从心理学和生理学角度可以理解为收集和传送周围信息的感知过程。人体的测量和运动是优化驾驶舱和客舱控制器以及其他工作站特征的基础,称为人体测量学和生物力学。为了理解人体生物规律和睡眠以及它们对夜航、时区变化的影响,还需要生物学及其日渐重要的分支生物钟学知识。要正确分析、研究和归纳调查数据离不开统计学。虽然对人为因素的研究需要运用这些学科知识,但其主要目的是解决现实世界飞行安全问题。

近年来,人为因素对航空安全的影响随着研究的不断深入,研究内容也在发生变化,这归功于对人为因素认识的提高和人为因素知识的广泛应用,主要有以下几方面变化。

1. 从研究人体感知发展到对航空设备的认知及设计

早期关注的航空人为因素问题多指噪声、振动、热、冷和加速率对人的影响,因而误导人们认为人为因素是医学的分支。随着研究与应用的深入,如今人为因素研究向航空任务的认知设计方面扩展,比如决策和其他认知过程、显示器和控制器的设计以及驾驶舱和客舱的布局设计、通信和计算机软件设计、地图和航图设计、航空器使用手册设计、检查单等文件的使用等。人为因素知识也更为广泛地应用于人员选拔、训练、检查以及事故的预防和调查中。

2. 关注对象从一线人员发展到系统工程

人为因素关注对象从只关心“一线工作人员”到从“系统工程学出发”,关心个人与其所属团队和组织间的相互影响,注意各种要素的综合影响。在分析一些事故的原因时,不再局限于不可忽视的运行一线人员(飞行员、管制员和维修人员)的行为,而是承认运行人员不是在孤立的环境中工作的。因此,开始注意事故“潜伏期”所涉及的组织缺陷和管理因素。

3. 从显性到隐性

从只找出发生事故的可能原因,也就是确认人们的不安全行为和“飞机的不安全状态”存在的“显性过失”,逐步发展到研究分析当飞机存在“不安全状态”时,人是如何反应的。特别是不适当反应所带来的危害,以及人们为什么会产生“不适当”的反应,人们犯了什么类型的错误,如何去纠正这些错误等“隐性”的深层次问题。

2.1.2 SHEL 模型

关于飞行活动工作中人与系统的关系,1972 年,Edwards 教授提出了 SHEL 模型。Haakins 先生于 1975 年以修改的框图描述上述模型,以人为本,通过积木形式表述了人与人、人与机器(硬件)、人与软件(程序、符号等)、人与环境的相互作用,以及相匹配的系统关系,如图 2.1 所示,H 表示硬件 Hardware,S 表示软件 Software,L 表示人 Liveware,E 表示环境 Environment。

图 2.1 安全工作中人与系统的界面

1. 人的特征

人是飞行活动系统中最关键、最灵活的元素，因此系统模型充分体现出以人为本的思想。但人的表现受多方面的影响，并且本身又存在许多局限。为获得系统的匹配，理解作为中心元素的人的特征是非常重要的。人的重要特征有以下几点：

a）人体尺寸和形状及其随年龄的变化。

b）人体需求。人对食物、水和氧的需求。

c）输入特征。人通过感官系统收集信息，做出相应反应，并能完成他人所要求的任务，但此功能会出现下降。

d）信息处理。此能力具有很大的局限性，涉及短期和长期记忆、动机和精神压力。

e）输出特征。一旦信息被感知和处理，便会向肌肉输送信息，启动预期的反应。

f）环境耐受力。温度、压力、湿度、噪声、时间、灯光和黑暗都能在人为表现和人的状态中表现出来。过分拥挤的空间和繁杂或压抑的工作环境会影响人的表现。

2. SHEL 模型各模块关系

“人”—生命件，是 SHEL 模型的轴心，其余元素必须适应并与核心元素相匹配。飞行安全系统中与人为因素产生接口关系的界面有以下四种。

(1) L—H：人与硬件

过去多谈及的是人—机界面，而从来不会意识到人与硬件的缺陷，即使该缺陷最终会导致灾难的发生。这是因为人具有适应“人与硬件”间的不匹配的特性，从而将缺陷隐藏起来而不是消除它。在安全活动中，实现对硬件进行操作和监控要求人员深入了解飞机与机载设备的性能和操纵方法，在实际运行过程中，确保飞机和设备的工作性能良好。

(2) L—S：人与软件

人与软件包括人与系统的非物理方面，如程序、手册和检查单安排、符号学和计算机应用程序。它是飞行事故中的显著问题，但却是隐性问题，很难被发现，因此也很难解决。

(3) L—E：人与环境

人与环境是飞行中最早被认识的问题。最初的解决方法旨在使人适应环境，后来趋向相反的过程。如今又遇到新问题，如高空臭氧与辐射问题、跨时区飞行造成的生物节律率紊乱等。人与环境界面必须考虑环境条件引起的人的感知差错。人与环境之间的问题主要表现为人与工作空间、设备配置的关系、高负荷环境、长时间飞行、噪声及疲劳、优化设计驾驶舱和客舱满足舒适性要求等。

(4) L—L：人与人

人与人之间的问题在飞行安全方面的重点是团队工作中，团队影响在决定行为和表现上所起的作用以及职员与管理人员的关系，主要包括的内容有机长与机组成员、团队和个性的影响、企业文化与氛围。

上述人为因素 SHEL 概念与解释此概念的模型有助于对人为因素知识的认识和应用。人的表现能力和局限以及非优化的人的行为问题都是人为因素技术的核心问题，只有仔细理解人为因素，才会找到解决方案。虽然航空界对人为因素的认识起步于 1986 年，但推广人为因素为国际航空界提供了一个加强航空安全和提高航空效益的重要机遇。

2.1.3 差错与行为

1. 人为差错的产生

人为差错是人的行为的客观组成部分，不可能完全消除。人们应该区别差错与违规，差错与违规有本质的区别。违规是违反并且偏离了条例、法规，明知故犯且重复出现。例如大雨中起降、浓雾中着陆。差错一般是由于注意力分配不当或注意力分散而产生的，从本质上而言是无意识的。虽然不是所有的差错都会引发事故，但是消除差错却是航空飞行安全中人为因素的重要内容之一。

尽管人为差错不可能完全消除，但从安全的角度来讲，尽最大可能降低人为差错的产生进而提高系统安全，是研究人为因素的重要内容。为此，必须对差错产生的原因进行详尽的分析并采取措施来降低差错发生的概率。

2. 差错产生的因素

产生差错的原因有主观因素和客观因素。

差错产生的主观因素有：粗心大意、理解能力、判断能力、记忆能力、急躁情绪、侥幸心理、虚荣心理、不良作风、安全意识、技术水平、操作能力、身体素质及心理素质等。

差错产生的客观因素有：无章可循、资料不全、资料错误、工具设备、器材供应、管理不善、培训不足、思想教育、习惯势力、工作交接、信息交流、工作环境、工作时间、疲劳作业、企业安全文化等。

3. 海恩法则——差错与事故

“海恩法则”是研究分析人为差错的“数学模型”，该法则表明在一起重大事故下有29起事故征候，而在事故征候下面还有300起事故征候苗头（严重差错）。

从海恩法则可知，一起事故的发生是量的积累的结果，量变引起质变，最终导致事故的发生。因此，分析人为差错产生的原因，在每一个细小的环节防微杜渐，对提高飞机系统安全性非常重要。

4. 墨菲定律

墨菲定律表明，凡是有可能出错的地方，就一定会有人出错，而且可能会以最坏的方式，发生在最不利时机。

在飞行活动中，与人为因素发生相互作用的界面包括人与人、人与硬件（机器）、人与软件（程序、符号等）及人与环境等。根据墨菲定律，在这些界面上，都可能产生错误从而威胁飞行安全，因此，相关飞行安全的技术和措施应该覆盖到以上各个方面。

人们常说，人非圣贤，孰能无过。但是，往日的错误应该成为往后安全活动的一种宝贵资源，从以往已经发生的错误中吸取教训，并用教训来改善我们的行为，防止相同的错误重复出现，即“用错误来保证安全”也是一种提高安全的措施和途径。

5. 时间压力与差错

压力有正常的压力和非正常的压力。正常压力可以促进人心向上奋发图强。非正常压力可以使人谨小慎微，胆小怕事，无所适从。

飞行事故的发生往往都是短时间内需要进行频繁的飞行操纵导致的变化而造成的。这种变化很多是由于环境突变或设备突然故障引起的。在处理这种短时间内的外部变化时，飞行员被要求在非常短的时间内做出正确的判断和操作，这种时间压力会增大飞行员产生人为差错的几率，从而造成判断失误等威胁飞行安全。

1977 年 3 月 27 日西班牙加拿利群岛发生了有史以来最悲惨的航空灾难。分析发现，时间压力问题为该起大灾难造就了舞台。经过对美国国家航空航天局负责运行的“航空安全报告系统”的资料研究表明，匆忙综合症发生在飞行员因自我察觉或客观需要他加速工作而使其能力或效率降低的时候。这些有关时间的压力包括公司部门或地面工作人员要求为别的飞机空出登机位、来自空中交通管制部门的要求、如赶快滑行好起飞或为满足一个放行时间的限制、由于飞机维修或天气原因已造成延误的情况下去赶航班时刻安排、有为避免超出值勤时间的赶快倾向。上述压力均可以降低飞行员的判断能力。

6. 差错与行为的关系

大多数事故的原因都是由于非警觉的差错和特殊环境等综合因素所造成的。这些因素对安全的潜在威胁增加时，称为关键差错。虽然人为差错的存在是客观的，但通过对人为差错产生原因及条件的分析，可以在飞行系统中采取相应的措施进行预防、改进和保护。也就是说，可以通过对人员行为的不断改进和纠正，提高人员的专业水平，从而使整个飞行过程的安全性得到提高。

飞行运行是一个容差系统，即在任何灾难事情发生之前，它能包容一定程度的差错。但是容差系统永远不会有完全的包容性，是一个不断完善的过程。系统将通过不断改善短期行为来完善自身的容错设计，从而提高系统的安全能力，如图 2.2 所示。

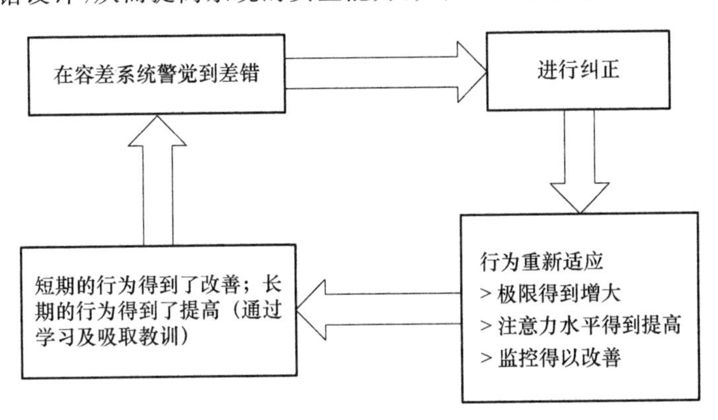

图 2.2　飞行容错系统的训练过程

7. 差错的管理

人为差错是客观存在，为确保飞行的安全性，技术上可以采取防范措施进行防备和控制。目前采取多种方法对人为差错进行预防和纠正，具体措施有：

（1）差错防范系统

飞机系统设计中，已经采用了飞行的包线保护、放襟翼限速、中央监控系统、高度警告等系统设计，对人的飞行操纵行为进行特殊情况下的限制和提醒，目的是保护飞机在飞行的全过程处于安全状态。

(2) 改进飞机的技术

对于颤振、疲劳等因素导致的结构安全问题,可采用主动控制、余度系统、重构技术等进行预防,提高飞机系统的安全性。

(3) 改善机组行为

对机组的行为进行限制和管理。具体措施包括:不超出自己的能力、安排好优先次序,管理好时间和工作量,加强团队协作,自我监控与团队监控、主动报告经验,机组成员间要交流,明确意图、明确任务。

(4) 改进整个航空系统的管理

规范机组成员之间及机组与空管间的喊话,机组成员交叉检查、简令、程序和检查单等,实行无惩罚报告制度。

2.2 机组人员与飞行安全

飞行机组是飞行安全人为因素的主要部分,所造成的飞行事故次数超出了其他人为因素的总和。统计表明,飞行事故原因中,2/3 涉及机组失误。在飞行人员执行飞行任务时,机长既是主操纵者,又是组织管理者和指挥者,他的整体素质以及航空知识和操纵技能水平的高低,对于保证飞行安全和完成生产任务具有决定性的作用。

每次飞行任务因飞机驾驶舱布局不同,所设飞行岗位也不一样。老式飞机有机长、副驾驶、飞行机械员(飞行工程师)、飞行通信员和领航员,有时还设观察员席位。随着电脑技术在驾驶方面的应用,自动化程度不断提高,不论大型或中小型飞机,驾驶舱岗位只设正驾驶和副驾驶两个最基本的飞行岗位,再加一个观察员席位。飞机新引进新改装时,增加一位飞行工程师参加飞行,协助驾驶员掌握飞机发动机和机械运行情况,监控并分工适当地操纵。在长途飞行中,为减轻驾驶员的工作强度,通常都增加一位飞行通信员,专门负责飞机与地面的通信联络任务,这个集体称为“飞行机组”。

在机组人员中,尤以飞行员与飞行安全的关系最密切也最复杂,飞行员的不安全行为给安全带来的威胁也最大。尽管设计制造和整个民航业尽了极大的努力,力图给飞行员创造条件使操作失误的概率降到最低,但人为失误却时有发生,特别是驾驶员的人为失误更是飞行事故的最主要且直接原因。

2.2.1 机组人员非故意不安全行为分析

从历次飞行事故总结发现,驾驶员非故意性不安全行为主要表现在如下几个方面。

1. 操作或决断错误

操作或决断失误的原因是飞行员缺乏高度意识、危险意识或位置意识,主要有以下几种:

(1) 从危险状态中断起飞

飞机起飞即滑跑阶段,V_1 是起飞决断速度,即机组能够决定中止起飞的最大速度。当飞机达到 V_1 速度时,已经在跑道上滑行了跑道长度的 60%,中断起飞后必须全力刹车才可以安全地在剩下的 40%跑道减速并停止。如果飞机在滑跑过程中突然遇到发动机故障,机轮故障、仪表故障或者遭遇鸟击等需要中止滑跑,分为三种情况进行分析:

a) $V<V_1$。如果中断起飞时速度小于V_1，那么飞机可以安全地在剩余的跑道上停下来。

b) $V>V_1$。如果中断起飞时速度大于V_1，剩余的跑道长度已经不够飞机刹车停止，如果此时进行刹车，剩余跑道长度不能满足飞机在跑道尽头刹停要求。因此，此时飞机应该继续起飞，否则飞机会冲出跑道，酿成事故。

c) 达到或略超V_1速度。此时滑跑速度非常接近V_1，对飞行员来讲是非常难于决策的。因此这种情况下飞行员决策稍有失误就容易酿成飞行事故。

1978年3月，美国大隆航空公司一架DC－10飞机起飞时发生机轮故障，机组听到响声，此时速度为1.5 m/s(大于V_1)的状态下机长决定采取中断起飞措施，导致飞机损毁，2名旅客死亡，31名乘客受重伤。

(2) 进近和着陆中缺乏位置意识和地形高度意识

机组无视规章要求，低于天气标准着陆，即在低于决断高度或最低下降高度没有足够目视参考物时仍继续下降着陆。

a) 违反进近程序。例如2010年8月24日的空难，即机组违反进近程序造成的空难。

b) 强行降落。例如2010年4月10日波兰空难，即机组人员在气象条件不满足情况下强行降落导致。

(3) 错误复飞造成危险或潜在危险

复飞是指下降着陆过程中，遇到特殊情况时，立即终止下滑着陆，重新转入正常上升状态的过程。在飞机由于其他原因着陆时引起损伤，已经不能满足复飞的情况下，采取了错误的复飞操纵。例如1997年5月8日的空难，飞行员在重着陆跳起的情况下错误复飞，最终飞机操纵困难而坠毁。

(4) 重着陆

重着陆是指飞机着陆接地时垂直加速度过大，接地载荷超过极限值，造成机体结构损伤。例如1997年5月8日的空难，飞行员在看不清地面的情况下，降落造成重着陆，导致机身结构及操纵系统破坏。

(5) 调错高度表气压值

飞机在飞行阶段使用的高度参数有场压高度、标准气压高度和海压高度。场压高度是选择机场平面为基准所测量的高度，在起飞着陆阶段使用。海压高度是飞行中飞机相对于海平面的垂直距离，在飞行高度层使用，原因是考虑所有其他的飞机而统一标准。标准气压高度是飞行中飞机相对于标准气压面的垂直距离，在机场附近过渡高度层使用，原因是考虑小区域内的其他高度障碍物。

1993年11月13日，一架MD－82飞机的飞行员将气压高度表修正海平面气压值当成场面气压值调置，导致飞机实际高度大大低于预定下滑道，使飞机在距机场跑道头2 210 m处撞高压线坠地烧毁。

(6) 非有意减速，造成接近失速或已经失速

飞机失速是指超过临界迎角，升力面上附面层气流分离，升力剧降，阻力剧增。

1980年3月20日，一架安－24飞机着陆未对准跑道而复飞，因速度小而拉杆量过多，飞机呈大迎角状态，最后失速坠地失事。

(7) 超飞机性能限制飞行

对飞机飞行性能限制的因素有很多，如重量、抗风、升限、油量、滑跑距离、离地速度、失速

速度、重心范围、爬升/下降率等。这些因素之间互相影响，同时飞机的飞行性数具有时变特性，因此需时刻关注飞行的各种特性。

1998 年一架 MD－82 飞机由于机组不了解飞机的高度限制，盲目执行空管指令，两次爬升至临界高度以上，都急速下降 7 000 m，导致双发超温报废。

(8) 其他非故意不安全行为

a）冲出或偏出跑道；

b）操纵原因造成机载系统告警；

c）除起落架以外的机身、机翼、发动机触地；

d）偏离指定航线、飞行高度层/飞行程序错误导致撞山；

e）误入雷雨云区；

f）燃油耗尽；

g）发动机温度过高；

h）用错机上设备；

i）吃尾流；

j）飞行中误入火山烟云等特殊空域；

k）向飞行控制计算机输入信息错误。

2. 违章违规

a）低于机场最低天气标准着陆或起飞；

b）未执行检查单而违反程序操作，航前检查：电、油、操纵机构、传感器、指示灯等；

c）违反飞机飞行手册，飞行中不按手册规定操作；

d）超载或重心超限，超载导致爬升困难、姿态调整困难；

e）偏离空中交通管制放行许可，扰乱空中交通秩序而导致两机冲突；

f）未获得允许起飞或着陆；

g）机外表带冰霜雪起飞；

h）低于最低设备清单/外形缺损清单规定的标准起飞，影响升力性能，空速管、进气道等；

i）非目视气象条件下盲目低于安全高度飞行，导致飞机撞山、撞击障碍物；

j）仪表进近低于决断高度或最低下降高度；

k）擅离岗位让不称职人员操作；

l）迫于领导压力违章操作。

3. 疏忽或判断失误

由于机组人员思想麻痹、作风松散、工作马虎、机组配合不好、注意力分配不当等原因造成飞机危险。疏忽或判断失误有以下表现：

(1) 未取下飞行前应取下的器具而起飞

飞机在地面检修时，地面维修人员会临时在飞机上增加一些设备，例如：塞子、封条、套管、销子、夹板、挂钩、尾撑杆。如果飞行前这些附加设备没有移除，在飞行中可能造成飞机某些设备的工作受到影响。如果没有去掉塞子，静压管口封死，高度表失效。空速管布套没有去掉，空速失效。飞机的高度、空速数据不准确将会对飞行安全造成严重威胁。

(2) 丢失飞机状态

机组由于未持续有效监视飞行状态或系统工作状态，一旦发生险情将失去正确判断的依据而往往会作出错误处置，产生严重后果。

(3) 迷　航

机组不能判定航空器所处位置、无法确定应飞航向，导致不能完成飞行任务。

(4) 滑行时碰撞障碍物

滑行时不注意观察也不按飞行规则处置，导致与地面障碍物相撞而使飞机受损，严重可能两机跑道相撞。

(5) 跑道错误

表现形式有在错误跑道起飞、在错误跑道着陆。导致跑错跑道的原因有跑道不能正常使用、跑道正被或将被占用、跑道不适合该机型、净空条件不适合该机型、跑道的仪表程序正被他机使用等。

(6) 听错管制指令

(7) 用错检查单、规章

4. 紧急情况处置不当

当紧急情况发生时，往往由于发现晚，容易判断错误引起处置失当，威胁飞行安全。

2009年6月1日法航空难，法航空中客车A330－200型客机于2009年5月30日从巴西里约热内卢起飞，飞往法国巴黎途中遭遇恶劣天气，6月1日凌晨在大西洋上空神秘失踪，乘客216人、机组成员12人无一生还。最终报告把责任一分为二，技术因素归咎于制造商，人为因素归咎于运营商。报告认定悲剧始于客机的空速管失灵。空速管安装在机体外部多处位置，用于测定飞机航速等重要数据。高空低温形成的冰晶堵塞空速管，致使无法读取航速数据，客机自动驾驶系统自动停转，警报系统响起。自动驾驶系统停转后，发动机停转，客机发生急坠。机长正在休息舱休息，两名副驾驶员本该手动驾驶飞机，恢复控制，但他们未能搞清楚状况，当机长返回驾驶舱时，客机已处于失控状态，三人无力回天。

5. 机组失能

机组失能原因包括生理缺氧、生理原因导致意识丧失、中毒、睡眠情况、医疗经历及突然受伤。

(1) 疲　劳

航空公司的生产是靠飞行员的飞行实现的。在一定条件下，飞行员飞行的时间多，客货充足，生产效率就高。飞行员飞行的时间少，生产效益就低。如果飞行员飞行时间超出规定标准，就会影响安全。

(2) 突发病情，比如心脏病、食物中毒等

(3) 产生错觉

当飞机的仪表故障时，飞机的机组人员姿态感知错误，在天气恶劣情况下，海天难辨，对飞机的状态产生错觉。

6. 机组资源管理不当

航空器运行涉及很多方面，是一个系统工程，有40多个专业300多个工种为其提供条件，其中与飞行有直接关系的就有150多个工种。这些工种源源不断的信息流向飞行员，流向航空器驾驶舱，经过飞行员去粗取精，去伪存真，分析判断，定下决心，采取措施，付诸行动，实现安全正常运行。这么多的信息处理并转化为行动，依靠机长一个人是办不到的，必须发挥机组

的总体力量，明确分工，密切配合，才能达到安全运行的目的。机组资源管理不当常常会使飞行器处于危险的状况。管理不当主要表现有教与学关系处置失当和机组配合失当。在二等和重大以下飞行事故的分析报告中可以看出，很多飞行事故都与机组协作配合有关。民航机组应当适应航空技术的快速发展，充分利用驾驶舱内外资源，尽快增强机组的整体功能，密切协作配合提高安全生产能力。这是当前民航界普遍关注的问题，已经为大家所共识。

2.2.2 复杂天气条件下飞行员心理因素

进近和着陆是整个飞行过程的最后阶段，它是完成飞行任务的关键环节，也是飞行事故的多发阶段，更是确保飞行安全的最后关口。进近和着陆时间仅占整个飞行时间的4%，但却集中了最繁忙的工作，最复杂的构思，最精确的操作。进近和着陆阶段的飞行事故基本上都是发生在复杂气象条件下，例如大雨、低云、风切变、低能见度。恶劣的气象条件造成飞行员心理因素障碍，影响飞行中对客观情况的认识和决策。

1. 心理因素分析

造成飞行员在复杂天气情况下发生事故的重要心理因素是，复杂天气将直接导致飞行员在飞行中违章违纪、盲目蛮干等行为。在某种意义上来说，这比飞行员技术上的欠缺对安全的潜在威胁更大。因此，不断地克服飞行员和管理人员这些心理上的癖病，对保证安全是十分重要的。复杂气象条件导致的错误表现主要有该返航的不返航、不能随机应变、虚荣心理、蛮干心理、急躁心理、侥幸心理和压力心理。

2. 案例1997年“5·8”空难

(1) 空难情况

1997年5月8日，一架波音737-300型飞机在着陆过程中失事。机上旅客65人，其中死亡33人，重伤8人，轻伤20人；空勤组9人，其中死亡2人，重伤1人，轻伤6人。

(2) 空难原因剖析

空难的主因是由于夜间飞行遇到大雨，能见度差，跑道积水，灯光效果不好，地面看不清楚。机组没有果断采取复飞措施，违反规定，继续进近下降高度，失去了主动，贻误了时机。飞机重着陆跳跃的原因是看清道面过晚，没有保持正确的接地姿态。飞机结构严重损坏原因是处置错误导致接连三次跳跃和超过载。机组在未判明飞机受损程度的情况下复飞。飞机坠毁原因是飞机操纵系统故障，拉杆到底未能改变飞机大角度下俯的姿态，以7.56°的下俯角，117 m/s的速度，12.5 m/s的下降率触地解体、起火。

(3) 教　训

这是一起人为原因造成的重大责任事故。

a) 机组作风涣散，违章飞行盲目蛮干，勉强着陆；对复杂的天气准备不充分，没有制订具体的飞行方案；机组配合不好，没有人报飞行高度、速度和有关数据。

b) 飞行技术管理松懈，机长技术素质低。大雨中没有按正确操纵方法减小油门和带杆，机长1年有3次“退出下滑姿态晚、着陆仰角小”的记录，不能胜任。

c) 安全管理不严。机组搭配不合理，飞行员单飞时间短(左/右座：22/88 h)。飞机起飞前已收到深圳“危险天气警报”，但机组未重视，未采取措施。

2.2.3　机组建设与管理

1. 机长素质

机长是飞机飞行过程的主操纵者、组织管理者和指挥者。通过分析大量飞行事故发现，机长年龄、飞行时间与飞行事故间有以下关系。

(1) 机长年龄与飞行事故的关系

表 2.2 所列为机长年龄与飞行事故的关系。飞行事故中，机长年龄 30 岁以下占 7.7%，31 岁至 40 岁占 30.8%，41 岁至 50 岁占 53.8%，50 岁以上占 7.7%。四个年龄段，事故多发的年龄为 40 岁至 50 岁年龄段。30 岁上下的机长一方面人数少，另一方面可能是单独执行飞行任务不久，谨慎小心，所以事故少。50 岁以上长，思想比较成熟，处事稳重，经验比较丰富，应变能力强，所以发生事故也少。

表 2.2　机长年龄与事故率关系

机长年龄	事故率/%
30 岁以下	7.7
31～40 岁	30.8
41～50 岁	53.8
50 岁以上	7.7

(2) 机长飞行时间与飞行事故的关系

表 2.3 和表 2.4 所列数据表明，机长总飞行时间在 6 000～10 000 h 段和机型飞行时间在 3 000～6 000 km时飞行事故高于其他飞行时间段。这个阶段，飞行员自认为技术精湛经验丰富，容易造成麻痹大意的心理而引发事故。

表 2.3　总飞行时间与事故率关系

总飞行时间/h	飞行事故/%
3 000～6 000	30.5
6 000～10 000	39
10 000 以上	30.5

表 2.4　机型飞行时间与事故率关系

机型飞行时间/h	飞行事故/%
3 000 以下	23
3 000～6 000	54
6 000～10 000	23

(3) 提高机长素质

随着航空技术的发展，机长的作用，由过去以人工操纵为主变为以操纵管理为主，要负责信息管理、任务管理，实行严密监视、及时决策，保持高度警觉，随时准备接替自动化系统，操作航空器安全正常运行。机长已经成为自动化系统的管理者、决策者，处于核心地位。知识经济时代的特征之一，就是知识更新快速，航空器科学技术飞速发展与更新，主宰航空器运行的机长，他的身体素质必须与其相适应，特别是对心理和智能素质将有更高的要求。机长不仅需要有全面的航空科学知识，而且需要有能力的适应、心理的适应、思维的适应、外语的适应、体力的适应。提高民用航空机长的整体素质是一项综合性的系统工程，需要政府、航空公司、飞行院校和飞行员共同努力，也是一项需要全社会广泛支持并能长期坚持下去才能见效的工作。

2. 协作与交流

(1) 团队工作

飞行安全是依靠机组的协作共同实现的，因此，应充分发挥团队的力量，实现 1＋1＞2 的效果。

(2) 驾驶舱内良好的合作氛围

机组中副驾驶应与机长积极合作，互相补充，实现对飞行的全过程安全操控。

(3) 合理分配任务

机组人员的工作，尤其在关键时间段应进行科学有效的分工。

(4) 机组交流

机组成员之间良好的交流，有助于明确共同的目标、分享情景警觉、协调机组行动、建立友好的气氛、交换信息/交叉检查、识别障碍。机组人员交流，需要考虑信息量和反馈，认为接收能力强，则用简明的词句直述大意，认为接收能力弱，则试图详细地表达所要的内容。使用技术语言，减少含糊的内容。改善交流的工具，使用简令，执行共同的标准程序。机组交流清晰，勿模棱两可。

3. 检查单与符合性

托马斯·特纳说，驾驶员检查单和标准操作程序是克服 80％人为通用航空事故的有效武器。人随时可能出现差错，飞行过程中必须采取措施防止人为出错的可能，因此飞机在飞行前及飞行中应按照检查单进行检查，以确保飞行安全。

(1) 检查单的作用

a) 驾驶舱质量控制，保证不遗漏操作项目；

b) 使操作具有正确的逻辑顺序；

c) 先做关键项目再完成其他项目；

d) 紧急情况下的快速操作方案；

e) 集成了设计师、工程师、试飞员、其他驾驶员的经验。

(2) 检查单可以减少危险信号下的事故，这种危险信号的形式包括

a) 疲劳、自满、匆忙；

b) 精力分散：检查中被打断；

c) 非正常运行：系统故障、不熟悉的机型、不熟悉的空域等；

d) 重复科目，多次重复的科目易遗漏操作。

(3) 典型出错表现

没有按照检查单的要求进行检查，检查的内容看似简单，但忘记或违背操纵流程造成的后果及其严重。忘记检查的内容包括：

a）忘记加油；

b）忘系安全带；

c）忘开航行灯；

d）忘启动全部发动机；

e）离地前忘打开襟翼；

f）起飞后忘收起落架；

g）着陆前忘放起落架。

（4）案　例

2005年8月14日，一架塞浦路斯的太阳神航空波音737－300客机在雅典东北方山脉间神秘坠毁，机上115名乘客及6名机员全部罹难。飞机起飞爬升至3 000 m后舱内的高度指示告警，机组未知原因。飞机爬升至4 200 m，氧气面罩自动打开，警示灯亮，显示告警信号，原因仍未知。飞机继续爬升至9 000 m，机长从座位上起来寻找断路器开关以关闭警报，但未戴氧气面罩而昏迷，随后副驾驶昏迷。飞机自驾仪爬升至10 200 m，自动巡航，燃油耗尽后坠毁。据调查报告指出，飞机工程师做完机舱加压测试后，未按照检查单要求将加压掣从手动模式置于自动模式，导致飞机爬升到4 500 m后，舱内空气稀薄、氧气不足。而机长及副机长并不知道机舱失压，没有戴上面罩，因此很快便失去意识并处于昏迷状态，导致飞机无人驾驶，飞机便以自动驾驶模式一直爬升直至坠毁。

2.3　航空工程技术人员与飞行安全

2.3.1　航空工程技术人员与维修差错

航空工程技术人员是负责航空器适航性和安全运行的技术保障人员，负责经维护修理后的航空器适航品质和安全质量。现在的飞机，机械电子设备可靠性极大提高，但航空器的自动化和复杂程度增加，航空系统日益复杂导致组织事故隐患增加。因此，航空维修中人为因素日益突出。维修中的人为因素对飞行安全的影响主要表现在经维护修理后的航空器适航品质和安全质量方面。

1. 航空工程技术人员的地位和作用

从维修角度看，由于飞机设计技术的进步，最新技术被引进到系统之中，以可靠性为中心的维修项目的开发等，使飞机的安全性和可靠性不断得到提高。但是，在维修领域的人为差错这一问题却显现出来。

航空器维修是航空系统的基本组成部分，它的人为差错的增加，可能导致系统安全网的崩溃。由于人的能力和局限，影响其在维修与检查任务环境中的表现和安全。“维护相关”差错成为一些严重事故的可能原因。维修人员的环境、时间压力、个人能力和局限是影响其表现的重要因素，再加上老旧飞机的特别要求，更增加了工作量和时间压力，从而需要更丰富的知识和比以前更熟练的工作要求。

与飞行员或管制员的差错的“实时”特征相反，维修差错可能会潜伏数日、数月或数年之久，甚至永远不会被发现。维修差错通常是通过系统工作不正常被发现的。

2. 影响航空工程技术人员的因素

实践证明,影响航空器维修的人为因素问题包括如下几个方面:

(1) 信息交流和沟通

沟通可能是航空器维修中最重要的人为因素问题。信息沟通中航空公司与制造厂的沟通至关重要。

(2) 训　练

现代航空运输机的复杂性日益增强,这使得提供正式课堂训练维修技能越来越有必要。同时,智能辅导系统是非常有效的方式。

(3) 对维修人员标准要求增高

由于航空器越来越复杂,维修人员水平变成了一种越来越关键的要素,因此,维修水平与航空器的设计水平应同步提高。

(4) 设施和工作环境

许多维修工作是在低于理想条件甚至是极为艰苦的条件下进行的,这都会影响人员身体健康和工作质量。

(5) 关注团队工作的重要性

对维修团队积极推行类似机组资源管理的训练,以保证维修质量。

3. 航空工程技术人员两种差错形式

a) 导致出现维修工作进行之前并不存在的缺陷。这种差错引起的非故意性航空器偏差是维修任务开始之前并不存在的,其主要原因是错、忘、漏行为。

b) 不安全的状态没有检查出来。在执行分配的定期或非定期维修任务检测航空器技术状况恶化情况时,未检测出有害的和不安全的现象。这类错误可能是由训练不当、资源与维修工具分配不合理以及时间压力等隐患造成的。

4. 维修差错统计

维修差错是指在维修活动中,由于受到各种内外在因素影响,维修人员发生的与维修目的要求偏离的行为偏差,并伴随有秩序和状态的异常,以及造成装备损坏或人员伤亡的意外后果。其后果大小确定了维修差错性质的严重程度。

表 2.5 所列是对一家航空公司记录的 122 起涉及维修工程人为差错的事件分析。从中可以发现,常被疏忽的主要项目是忘记或未完成部件的紧固。缺乏合理的检查及质量控制,使不正确的安装组件成为发生较频繁的维修差错。

表 2.5　维修工程人为差错的事件分析统计

维修差错类别	外航某公司/%	中国民航/%
疏忽、遗漏	56	71
不正错的安装	30	17
装错件	8	5
其　他	6	7

5. 典型的维修差错

关于维修人为差错有一个重要的观点,即不能要求人为差错为零,只能通过防止差错和制

定容错措施来控制差错。经统计发现,典型的维修差错有:

a) 混淆配置很近的接头和安装点;

b) 未及时取下堵盖和蒙布、未打开锁销、无意损坏设备;

c) 不正确的调节加油口盖及调节/校准仪表读数等。

6. 案例分析

(1) 案例分析一

1994 年 6 月 6 日,一架图-154 飞机上机组 14 人,旅客 146 人。因地面机械员将倾斜阻尼插头和航向阻尼插头相互插错,导致倾斜阻尼陀螺感受到的倾斜角速度信号传给了方向舵舵机,而航向阻尼陀螺感受到的偏航角速度信号传给了副翼舵机。当飞机离地后,飞行员为修正姿态而压驾驶盘时,倾斜角速度信号传给了方向舵舵机,方向舵也跟着偏转,使飞机姿态发生异常变化。飞行员感到无法控制,因而进行反复修正,这又使飞机飘摆幅度不断加大,最后造成急剧盘旋下降,速度和侧向过载都超过飞机强度限制,导致飞机空中解体。调查发现,事故原因是图 154 飞机设计无防插错设计,地面维修人员将本不应该连接的插头对插,导致飞机信号连接错误,起飞不久发生空难。如果发生插头差错,按苏联的经验,飞行员应当关闭全部舵机。但出事机组事先不知原因,并且未受相关训练。

(2) 案例分析二

1985 年 8 月 12 日,日本航空公司波音 747 - 100SR 飞机撞山,520 人遇难,4 人幸存。它是世界历史上第二大空难,单机第一大空难。事故调查发现,1978 年 6 月 2 日,该飞机以 JAL115 航班在大阪的伊丹机场曾损伤到机尾。机尾受损后,日航工程师没有妥善修补。在替换损伤的压力隔板时,应当使用一整块接合板连接两块需要连接的面板,并在上面使用两排铆钉固定,但维修人员使用了新的接合板,上面只有一排铆钉。这使得接合点附近金属蒙皮所承受的应力明显增加,对金属疲劳的抵抗力下降了 70%之多。在维修后几年的飞航过程中,因客舱内部的多次加压和减压,此处的金属疲劳不断累积。依照事后调查人员的计算,这次修补只能耐受 10 000 次左右的飞行,而事故班次已经是维修后的第 12 319 次飞行。飞机爬升至 7 000 m 左右高空时,压力壁面板累积的金属疲劳达到了极限,无法再承受气压差而破裂。机舱内因此发生爆炸减压,高压空气冲进机尾,直接将垂直尾翼吹落,连带扯断了主要的液压管线,导致机师无法正常操控飞机。

2.3.2 航空器维修方式及原理

1. 故　障

故障是偏离规定条件不符合使用要求的不合格状况。故障分为功能故障和潜在故障。功能故障指不能完成规定功能的状况。潜在故障是一种指示功能故障即将发生的鉴别的实际状况,该类故障不采取预防性维修和调整措施,则将发生功能故障。对潜在故障的鉴别是视情检查和视情维修的根据,也是现代航空维修理论研究的重要内容。

根据故障过程的可见性,故障分为:机组人员可见性故障即明显功能故障,维修人员可见性故障即隐蔽性故障。

根据故障发展速率特性,将故障分为突发故障、快速故障和渐变故障。突发故障难以预防,此类故障在设计上应采取故障保护措施,以避免故障威胁飞行安全。快速故障由快速耗损造成，连续监控预防渐变故障可通过定时检查发现，从而采取措施进行预防。

根据故障后果特性，故障分为明显安全性故障、明显使用性故障、明显非使用性故障、隐蔽安全性故障和隐蔽经济性故障。明显安全性故障指可能直接危及飞行安全的故障。这种故障发生在具有明显功能的机件上。明显使用性故障指对使用能力或完成飞行任务有直接影响的故障。这种影响不是安全性的，而且也是发生在具有明显功能的机件上。发生这种故障时，除了修理费用外，还要承担由于故障造成返航、延误或航班取消等经济损失。往往这些间接经济损失比直接维修费用高出许多。明显非使用性故障指对使用能力或完成飞行任务没有不利的直接影响。发生这类故障后，可安排在适当时候和地点将它排除。在经济上，只承担更换和修理故障件的直接费用。隐蔽安全性故障指同另一故障（明显功能故障）结合后会危及飞行安全的隐蔽功能故障。隐蔽经济性故障指同另一故障（明显功能故障）结合后不会产生安全性后果，只有经济性影响的故障。

2. 航空器维修方式

航空器的整体可靠性是由各个系统的综合表现决定的。飞机系统中真正影响飞行安全的零部件只占一小部分（10%左右），通过余度设计、破损安全设计等措施可减小或消除其影响。维修工作最多只能达到设计要求的固有性能，不能超出原有设计水平。对不同的零部件要采用不同的维修方式。对于维修对象可靠性的控制是通过控制维修措施来实现的。现代维修有三种基本的维修方式，分别是定时方式、视情方式和状态监控方式。

(1) 定时维修 HT(Hard Time)

维修项目规定了具体的使用时间，凡使用到这个时限，就采取一定的维修措施（如翻修、报废、更换等）而不论装备本身的技术状况如何。定时维修的优点是预防功能故障，工作明确、管理简单、风险小，缺点是可用时间不能充分利用。

(2) 视情维修 OC(On Condition)

在航空维修工作中，不对装备规定具体的工作时限而按维修对象的实际技术状况来控制维修的时机和类型。但要不断对装备进行检测，根据制定的不同标准来决定维修工作。视情维修的优点是充分利用机件寿命、维修针对性强、效率高，缺点是要求可达性和适检性，管理复杂，可能有隐患。

(3) 状态监控 CM(Condition Monitoring)

长期实践证明，不是所有部件发生故障后必然对飞行安全造成威胁。试图通过维修来防止一切故障的发生，实际上是不可能的。因此，对一些不致于带来不利安全性后果的部件，可不采取预防措施，而对其进行有效监控，等到故障发生后能及时发现及时处理。状态监控一般适用于余度系统。状态监控的特点是采取事后处理的同时，积累故障发生的信息，进行故障趋势分析，制定控制标准，从总体上监控这些机件的可靠性水平，主动、积极、具有预防性。

3. 现代航空维修思想——以可靠性为中心的维修理论

现代航空维修基本思想是在可靠性理论指导下，对重要维修项目的可靠性进行具体分析，特别是以故障模式影响分析为基础，以维修工作的适用性、有效性和经济性为决策准则，决定是否进行预防性维修工作，优化维修方式，确定维修工作的内容、维修级别和维修时机，以最小的费用来保持或恢复航空器及其装备的固有可靠性和安全性水平。

(1) 三类原理

维修原理有维修方式、预防故障后果和维修适用性、有效性原理三种。

a）维修方式原理。维修方式原理是控制系统、部件和发动机翻修时机、工作内容。有三种基本维修方式：定时方式、视情方式和状态监控方式。每种维修方式都有其适用性和有效性条件，必须根据系统、部件的故障特性，包括故障的后果、故障的过程、故障的可检性、故障的经济性来确定其适用并有效的维修方式，几种维修方式也可并用。

b）预防故障后果原理。现代维修思想抓住了对维修工作最本质的问题，即故障后果、故障特性。预防维修工作要预防的是那些有严重后果（安全性或使用性）的故障。这一思想使以预防为主的维修方针更加明确化。现代航空技术装备是由几万个部件组成的复杂系统，对所有部件故障都给以预防，根本做不到，也没有必要。它将传统的预防故障保障安全的朴素思想发展为预防故障后果，并进一步提出对于故障过程发展比较缓慢、其故障后果又是严重的项目，通过检查发现潜在故障来预防功能故障，即视情维修的思想。对隐蔽功能项目，由于其故障不会产生直接有害影响，但是它会增加多重故障的风险，用使用检查的方法来发现隐蔽功能故障来预防多重故障的后果。所有这些观点，使维修工作变得更有针对性，更为有效。使预防维修工作能保持在人力、物力所许、所能控制的水平。预防有严重后果（安全性或使用性）的故障，更具针对性。

c）维修适用性和有效性原理。维修有效性原理是指预防维修工作包括的工作仅仅是那些适用并有效的工作。一种维修方式或维修工作类型的适用性取决于故障的过程特性，工作的有效性则取决于故障的后果特性。多做工作并不总是有益的，甚至可能是有害的，例如会增加早期故障、人为差错。因此对预防维修工作总量应有适当控制针对故障的过程特性和后果特性，控制维修工作总量和质量。

航空维修的适用性和有效性原理是现代维修质量观的集中体现。现代质量观中的适用性质量就是维修工作的适用性和有效性。只有抓住这个问题才算作抓住了维修质量管理的根本。

（2）飞机维修的改进和发展

飞机的维修工作在不同的阶段、不同的人员、不同的生产制造水平阶段表现出的故障形式不尽相同。飞机维修工作未来的发展有以下特点：

a）针对性增加，维护质量提高，维修成本下降；

b）飞机维修和新技术相结合，使初期投资增加，维修工作变得复杂；

c）飞机设计时必须考虑维修的方便和成本，维修中发现的问题反过来影响到飞机的设计或改装；

d）维修性是建立在大量的统计、分析之上的，需要对维修过程中对数据进行积累、分析，对信息进行传递。

（3）维修品质指标

航空器的维修品质亦称维修性能，是指航空器设计时所赋予装备本身的、直接影响维修的固有属性和设计特征。航空器的维修品质和它的飞行性能一样是航空器自身固有的。评价一种航空器的固有品质和使用特点，必须从它的飞行品质和维修品质两个方面统一衡量。航空器的维修品质表现为可靠性、维修性、安全性和人为因素等方面的维修性能。通常，在飞机维修品质设计中有以下设计指标：可用度、再次出动机务准备时间、飞行前、后检查时间、无维修待命时间、更换发动机时间、平均故障间隔时间（MTBF）、平均修复时间（MTTR）、故障检测概率、故障检测时间、能隔离故障比例、每飞行小时的维修工时（MMH/OH）、首次翻修期限、历次翻修间隔时限和总寿命、维修费用和对维修人员的要求。

2.3.3 航空维修的人为因素设计

维修中的人为因素是研究飞机维修中维修人员的要素同人、装备、有关软件之间的关系，其目的是保证设备性能、结构设计与使用、维修人员的要素达到完全协调一致，从而提高维修工作效率，保证维修质量，减少或避免维修差错，并保护维修人员的健康。人为因素研究对于确保人的各种能力与设备设计的各个特征之间的最佳配合具有重要作用。这些设计特征会影响到在使用环境中操作与维修装备所要求的人的各种动作。这项工作完成好坏，还极大地影响维修的经济性与效率。

维修性设计与可靠性设计一样。在飞机设计过程中，必须通过对飞机各系统、设备、机件等维修性指标分配的预测，还须进行维修保障分析和确定维修保障因素的影响等工作才能实现。与维修性有关的飞机设计内容包括维修简便、维修停飞时间短、维修费用低、有防维修差错措施和降低对维修人员要求等五个方面。

1. 人为因素分析

人为因素分析研究维修中人的特殊能力与限度，包括以下几个方面的内容：

(1) 人体度量

人体度量数据，通常以百分位、有效量积以及平均值来表示。人体度量还分为静态度量和动态度量。静态度量的范围，从测量人体最大方面的各种尺寸(如身高)，直到测量瞳孔距离。动态度量通常随人体的运动而变化，其范围包括人体在各种不同的工作位置以及臂、腿功能伸展的度量。在装置设计中，动态度量对人的操作效能比人的适应性有更为密切的关系，在进行飞机维修设计中的人素设计时，应当充分加以考虑。

(2) 人体感觉

人体感觉包括视觉、触觉、噪声和振动。视觉是由某些波长的电磁辐射刺激而产生的。眼睛看到不同色彩(光谱上的各部分)时就呈现出不同的亮度，例如，在白天眼睛对黄绿光最敏感，黄色或蓝色可使辨色能力弱的人不致混淆。人的视觉、听觉的能力与触觉紧密结合。皮肤与肌肉所接受到的感觉信号，能在某种程度上用来向大脑输送信息，以减轻视觉与听觉负担的部分工作。噪声能影响人的情绪，如产生不安、厌烦、急躁或疲劳，妨碍需要肌肉高度协调与精确的工作或要求注意力高度集中的工作。振动对于维修人员的体力和脑力劳动都很不利。大振幅、低频率的振动，使人恶心、头痛、疲乏、眼睛紧张，干扰对前后左右距离的判断和判读仪表的能力。小振幅、高频率的振动，则使人疲乏。

(3) 人体温度反应

人体温度反应包括高温反应和低温反应。当温度升高到舒适范围以上，特别是温度与湿度结合，温升超过 32℃，形成一个对人体不舒服的环境时，人们的工作效率下降，思维逐渐迟纯，运动肌的反应减慢，维修差错增加，维修时间拖长。温度下降至－23℃以下时，寒冷对人们身心和工作效率造成不利影响。

2. 人素设计

人素设计是要把飞机作为人-机系统来考虑，确保在各种条件下人的各种能力与限度同装备设计各个特征之间的配合达到最优化。人素问题必须在飞机研制的初始阶段加以考虑，并贯穿于性能设计、维修保障设计和各种分析研究的综合权衡之中。在人素设计中还可同时提出对维修人员的素质、数量和培训要求。维修中的人素设计内容包括：

（1）考虑人体的动态度量情况，创造合适的维修操作姿态

a）工作窗口的尺寸、方向、位置；

b）机载电子设备的检查测试窗口一般在齐胸高度；

c）机件的配置便于拆装搬运。

（2）关键装置要便于准确识别和迅速判断

a）测试点、调整点、连接机构；

b）性能显示、安全警告；

c）颜色上或形态上作出明显区别或标志；

d）维修环境条件应符合人的生理参数和能力；

e）噪声不应超过人的忍受能力，保护措施及消音装置；

f）提供自然的或人工的适度照明条件；

g）避免过度振动条件导致操作困难、判读不准、工作效率下降等；

h）机件的搬运特性。

3. 设备和系统设计要提前考虑人为差错的影响

维修人员同样受限于人为出错这个客观事实的影响。因此，飞机设计时应充分考虑到人体特征及维修人员的人为差错的客观存在。它直接影响着维修质量和空地安全，影响维修工作效率和经济性。

在飞机设计过程中，必须对飞机各系统、设备、机件等维修性指标分配预测，还须进行维修保障分析和确定维修保障因素的影响等工作步骤，实现维修性设计。通常的维修性设计措施有：

（1）关键设备和系统采用安全设计手段

技术手段包括设计故障安全装置或备份系统等。

（2）消除隐患

从设计上杜绝维修错误的产生：不同颜色或不同开口等方法区分易混的导线、插头等、连接件防插反、防插错措施。

（3）考虑人体特性

对维修人员的操作规程和正确性进行标记，标记应易于识别，防止误操作。

2.4 空中交通管制人员与飞行安全

空中交通管制服务指为了防止航空器之间和在机场机动区的航空器与障碍物之间的相撞，以及加快和保持空中交通有序地流动所提供的服务。空中交通管制服务是20世纪80年代由国际民航组织提出的对空中交通进行综合全面管理的新概念，着眼于保障整个航线网空中交通的通畅、安全和有效进行，在大范围内可使空中交通按照总体的调度和安排顺利进行。

2.4.1 空中交通管制概述

1. 空中交通管制服务目标

空中交通管制服务是航空器运行的主要环境保障工作，它的质量好坏直接关系到航空器的运行安全。空中交通管制服务的目标是使航空公司或经营人能够按照原定的起飞时间和到场时间飞行，在实施过程中，能以最少(小)程度的限制，不降低安全系数地有序运行。

2. 空中交通管制服务职责

a) 防止空中的航空器相撞，防止出现各种事件(差错、严重差错、危险接近等)；

b) 防止飞机和障碍物在起飞、降落及其相关区域出现相撞等事故；

c) 有效管理空域内飞行的航空器，准确地掌握飞行动态，确定航空器之间的相互关系，维持运行秩序；

d) 为航空器提供各种建议、情报、信息来避开危险天气及限制性空域；

e) 在航空器遇险或需要提供搜寻、救援服务时，通知各保障单位及时开展工作。

3. 空中交通管制服务发展阶段

(1) 20 世纪 30 年代中后期

在 20 世纪 30 年代以前，飞机的飞行距离最多只有几百千米，而且只能在白天和好天气情况下飞行，因而按照目视的原则制定了目视飞行规则。当时的管制员只是用红旗和绿旗来控制飞机的起飞和降落。但受天气和夜间的影响，很快由信号灯取代了旗子，处于机场最高位置的塔台也相继建立。

(2) 1934—1945 年

20 世纪 30 年代末到 40 年代初，飞机的飞行速度已经大于 300 km/h，载客量大于 20 人。此时机场装备了无线电收发机，一些大型飞机也装备了同样的设备，航空器按照仪表飞行规则飞行。依靠无线电通信和导航设备，空中交通管制可在航站、塔台和管制中心间实现以程序管制为核心的控制交通管制。管制中心接收各航站发来的飞行计划，再根据驾驶员的位置报告将其填写在飞行进程单上，然后确定飞机间的相互位置关系发布指令、实施管理。

(3) 1945—1980 年

20 世纪 40 年代以后航空客运业务发展迅速，航程、载量、速度大幅提升，1945 年成立国际民航组织，空中交通管制统一标准。随着雷达技术、仪表着陆系统在航空业大量应用，雷达系统可以在管制员屏幕上显示出飞机的呼号、高度、速度等参数，再加上陆空通话系统的发展，促使重要的地区用雷达管制取代了传统的程序管制。雷达管制直接使用雷达信息提供空中交通管制服务。随着雷达覆盖面的不断扩大，雷达管制已经成为空管的一个重要手段。

(4) 从 1980 年至今

这一时期的主要是电子技术的飞速发展和计算机在机载设备和空管地面设施上的广泛应用，航路流量越来越大，造成机场和航路的拥挤。要充分利用航路，就要求实时地对整个的航路网和航行的大系统进行管理。卫星通信和定位技术的成熟，使得驾驶员、管制员和各种支援单位、决策机构可以实时地了解飞机的准确位置并进行通信，因而在大范围对空中交通进行管理有了实现的可能。在 20 世纪 80 年代提出了空中交通管理的综合概念，该管理着眼于整个航线网上空中交通的通畅、安全和有效运行，这样空中交通管制就成为空中交通管理的一个重要组成部分。卫星和计算机网络技术在空管系统的应用，使整个空管系统和正在飞行的飞机组成一个可以实时处理的自动信息交换系统，因而可以在大范围内使空中交通按照总体的调度和安排顺利进行。

未来，随着卫星导航技术、卫星通信技术、数据处理技术通信、导航、监控一体等技术在航空业的应用，空中交通的目标是实现自由飞行，每个航空器都可以“看见”并计算出周围的航空器以及它们的动向，因而空中交通就可以像地面交通一样，按照一定的规则运行、引导而无须实施管制。

4. 管制方式

空中交通管制方式包括程序管制和雷达管制两种。

(1) 程序管制

在雷达引入空中交通管制之前，管制主要是使用无线电通信按照规定的程序来完成的，因此称为程序管制。在雷达引入之后，管制员的感知能力和范围都有了提高，在间隔距离上、情报的传递上有了很大的改进，但在基本程序上并没有太大的变化，因而程序管制是整个空中交通管制的基础。

程序管制又称非雷达管制，是通过无线电陆空通话从飞行员处获得空中交通信息，并借助于飞行进程单所实施的管制方法。程序管制使用无线电通信按照规定的程序完成空中交通管制，引入雷达后遵循同样的原则。

程序管制的依据是飞行规则、间隔标准、通信的频率和语音。空中交通有飞行规则，只有空中交通的使用者和管理者共同遵守和依据这些规则操作，才有可能保证空中交通安全有序地进行。飞行规则包括通用飞行规则、目视飞行规则(VMC)和仪表飞行规则(IFR)。

通用飞行规则是各种类型飞机共同遵守的飞行规则。每次飞行或者执行目视飞行规则，或者执行仪表飞行规则。在气象条件低于目视飞行气象条件时，装有无线电通信和定位仪表的飞机可以依靠仪表而不依靠驾驶员的视觉来飞行，这种飞行称为仪表飞行。适于仪表飞行的气象条件比目视飞行条件要低。国际民航组织制定了相应的仪表飞行气象条件(IMC)。在这种条件下，通常驾驶员看不到其他飞机，管制员负责把这架飞机与其他飞机或障碍物间隔开来。为此规则要求进行仪表飞行的飞机必须装备规定的飞行仪表和无线电设备(起码要有姿态指示仪、高度指示仪、位置指示仪表和 HF、VHF 通信设备)。驾驶员必须在这类飞机上培训取得仪表飞行的驾驶执照后才能进行仪表飞行。仪表飞行的整个过程处于管制员的控制之下，每次飞行都要向空中交通管制机构提交一个包括航路、速度、高度、预计飞行时间的飞行计划，管制员根据这个计划来分配航路、高度，并监控和引导飞机在空中的飞行。在空中，仪表飞行和目视飞行可以相互变换，但是都要首先向管制员提出请求，在得到准许后变换。

(2) 雷达管制

雷达管制是指利用空中交通管制雷达所提供的航空器的位置、飞行姿态、识别标志、飞行高度和飞行速度等信息数据而实施的空中交通管制。空中交通管制雷达包括一次雷达和二次雷达。一次雷达是用于探测空中物体的反射式主雷达，它发射微波的扫描波束，并接收从被测物体(目标)反射的回波而工作的无线电探测与测距系统。二次雷达即空管雷达信标系统，由询问雷达和应答雷达所组成的无线电电子测位和辨认系统。通过二次雷达，可识别包含飞机的编号、高度、速度、方向等参数及数据处理。空中交通管制的最重要任务是控制飞机的间隔，从而保证飞行的安全。雷达可以很容易地确定飞机的位置和辨认飞机的类型和号码，因而使用雷达间隔比用非雷达手段间隔更为有效，管制员除了用雷达认识和定位飞机并间隔飞机外，还可以为驾驶员提供导航协助、仪表着陆引导、不安全状态警告等空中交通管制服务。

40. 管制类别

(1)机场管制

机场管制又称塔台管制，是空中交通管制的一部分。塔台管制区一般包括起落航线、仪表进近程序航线、第一等待高度层及其以下的空间和机场机动区。靠目视或地面监视雷达来管理飞机在机场上空和地面的运动，包括以下几种情况：

a) 航空器在机场交通管制区的空中飞行；

b) 航空器的起飞和降落；

c) 航空器在机坪上的运动；

d) 防止飞机在运动中与地面障碍物的碰撞；

塔台管制航线共有五边(见图 2.3)，分别为：

a) 一边：起飞边，逆风边，离场航段，与着陆方向相同；

b) 二边：侧风边，垂直于跑道，离场后转弯，高度 90 m；

c) 三边：顺风边，高度 300 m，进入着陆准备，可进行着陆前检查、放起落架等；

d) 四边：基本边，三边至五边的过渡，到五边时转变，要避免碰撞；

e) 五边：末边，下降、着陆，如果复飞，则一边是过渡部分。

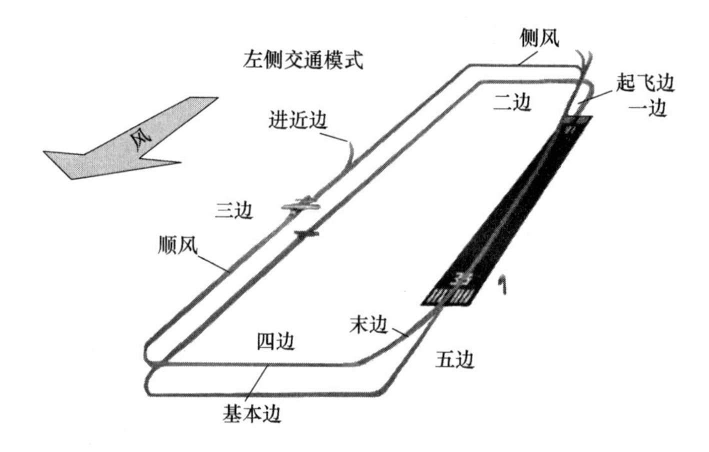

图 2.3 机场标准航线

(2) 进近管制

进近管制是塔台管制和航路管制的中间环节，在这个阶段是事故的多发段，因此进近管制必须做好和塔台管制与航路管制的衔接。进近管制要向航空器提供进近管制服务、飞行情报服务和防撞告警。进近管制的对象是仪表飞行的飞机，因而进近管制员是依靠无线电通信和雷达设备来监控飞机的，不需要看到飞机。进近管制室一般设置在塔台下部，便于和塔台管制进行协调。进近管制的范围称为进近控制区，它下接机场管制区，上接航路区。由于交接的需要这几个区域之间是部分重叠的，一般范围大约在机场 90 km 半径之内，高度 5 000 m 以下。在这个区域飞机起飞离场进入航线，或是由下降离开航线转入进近，直至落地。进行管制要负责飞机的离场进入航线和进近着陆。

(3) 航路管制

航空器在航线上的飞行由区域管制中心提供空中交通管制服务，每一个区域管制中心负责一定区域上空的航路、航线网的空中交通的管理。区域管制所提供的服务主要是 6 000 m 以上的在大范围内运行的航空器。

我国划分了 21 个高空管制区，将来按照行政大区建设 10 个大的高空管制中心，每个管制中心负责在整个区域内的空中交通管制。

2.4.2　空中交通管制人员分析

与航空安全关系密切的航空人员除飞行员外，就是空中交通管制员。空中交通管制所属机场飞行报告室、管制塔台、进近管制室、终端管制室、区域管制室及有中国特色的地区管理局管制室和总局的总调度室。

1. 空中交通管制员岗位

空中交通管制员的管辖范围在国外是管制空域，在我国是全部空域。当航空器按照仪表飞行规则运行时，空中交通管制员对维护各类可航空域内的空中交通秩序、保证航空器之间具有符合规定的间隔(纵向、水平横向和垂直三个方位)，在机场机动区内防止航空器与航空器、航空器与障碍物相碰负有直接责任。

2. 空中交通管制员不安全行为可能导致的后果

a) 航空器在空中相撞；

b) 仪表气象条件下航空器之间小于规定间隔；

c) 航空器之间发生两机或多机之间的危险接近；

d) 航空器在仪表飞行规则条件下运行时，机载防撞警告系统(TCAS)告警；

e) 航空器被迫采取紧急下降、改变航向等机动飞行方法去避让空中危险；

f) 航空器被指定或未被管制发现纠正，在仪表气象条件或仪表飞行规则运行状态下，低于安全高度飞行；

g) 航空器被引导或未被发现纠正而飞人空中禁区、危险区等限制性区域；

h) 航空器在仪表飞行规则条件下运行而撞山或碰撞障碍物；

i) 航空器低于机场、机型、机长最低天气标准在机场起飞、着陆；

j) 航空器在危险状态(接近或超过 V_1 时)下中断起飞；或中断起飞造成危险或潜在危险；

k) 航空器在低高度复飞或复飞造成危险或潜在危险；

l) 航空器使用错误机场、跑道进近，着陆、起飞用错误滑行道滑行；

m) 航空器使用错误的飞行程序；

n) 航空器飞错误的航线、高度层；

o) 航空器遭雷击；

p) 航空器误人紊流区、强对流云，造成严重颠簸，导致航空器超载荷(G)飞行，使航空器受损，人员伤亡；

q) 航空器地面发生冲突(与飞机或车辆、设施等)；

r) 航空器吃尾流；

s) 航空器超性能限制飞行；

t）空域中空中交通秩序混乱；

u）在确知航空器按 TCAS 指令机动飞行时，发布与 TCAS 指令相违背的管制指令，干扰机组正确处置；

v）提供错误的气压高度表气压拨正值；

w）分配错误的二次雷达应答码，引起空中交通动态监控困难或混乱；

x）航空器发生失速、超速或形态等告警；

y）非精密雷达引导（监视）进近，发生机载近地告警系统或二次雷达低高度告警系统的告警信息；

z）仪表规则运行的航空器被引导或未发现纠正以致使航空器进入火山浮尘飘流场、森林火灾烟雾区而导致发动机失效。

3. 管制员不安全行为的原因分析

造成管制员工作差错的原因，除自身个人因素外，也有客观因素及管理因素。

（1）管制员个人因素

a）管制员力所不及，工作负荷太重；

b）管制人员因不熟悉或理解有误，造成非故意违章违纪；

c）管制人员注意力分散对空中动态监控不力，甚至丢失管制目标；

d）管制人员对空中动态关系判断、计算、调配错误；

e）管制人员准备不周或不充分；

f）管制人员获得信息有错误；

g）管制人员使用的资料有错误；

h）管制人员疲劳、反应迟钝；

i）管制人员之间配合失调，或同席位双岗人员之间的配合失误；

j）管制人员心理承受能力弱，遇有紧急情况产生慌乱；

k）管制人员漫不经心、骄傲自满；

l）管制人员业务理论水平低；

m）管制人员业务技术水平低，雷达管制监控、引导产生错误，使用供管制用的通信、雷达、灯光错误；

n）混淆了气压高度表气压拨正值；

o）未执行规定程序、有效航行通告；

p）不熟悉接受管制服务的航空器的基本性能；

q）不会使用有关设备；

r）未按规定进行管制移交；

s）语言障碍（未听清楚陆空通话内容或理解错误）；

t）不熟悉管制空域结构、机场及其地形地貌；

u）未向负责本空域管制责任的空军管制部门及时通报或请示；

v）管制员抗干扰能力低；

w）管制空域内无线电通信环境差、干扰大，未按规定确认机长对关键指令复诵的正确与否；

x）不熟悉本管制空域内航线结构特点或机场飞行程序；

y）管制员饮酒或服用毒品或麻醉性药物；

z）管制员缺乏XYZ加时间的四维空间概念，（由生理或心理缺陷造成的）不能将空域内所有空中交通构成一个四维空间立体关系。

（2）气象、情报、通信导航方面的客观因素

a）航空气象资料欠缺、错误，预报准确率低；

b）航空气象雷达覆盖范围小，分辨率低；

c）航行情报错误；

d）航行通告失效或不及时；

e）航空通信失效或错误；

f）导航设施失效或错误；

g）航空通信环境差、干扰大；

h）雷达误差大；

i）管制雷达的低高度告警功能失效或错误。

（3）管理因素

a）规则、规章、程序、指令、安排、计划、实践；

b）联络、配合的程序和标准；

c）日常训练。

2.4.3　空难案例分析

国内外因空中交通服务，特别是其中的空中交通管制服务失误导致的飞行事故主要有两类，一类是飞机与飞机在地面、在空中相撞，另一类是航空器偏离预定航迹、低于安全高度而撞山或撞障碍物。它们导致的后果大都是机毁人亡，是航空安全的大忌。

1. 两机地面相撞

1977年3月27日，发生了有史以来最惨重的一次航空事故。两架波音747飞机在加那利群岛的特纳里夫（Tenerife）机场跑道上高速相撞，导致两架飞机上多达583名的乘客和机组人员死亡。荷兰皇家航空公司KLM4805号航班上234名乘客与14名机组员在事故中全部丧生。泛美航空公司PA1736航班上共有382名乘客与14名机组员，其中326个乘客与9名机组员死亡。

事故调查结论：荷航KLM的机组在没得到空中交通管制许可确认的情况下强行起飞。KLM的机长在听到泛美机组报告还在跑道上滑行时，没有及时中止起飞操作。当KLM的飞航工程师对泛美航班是否已经让出主跑道而向机长提出质疑时，KLM的机长贸然作出了肯定的判断。对于无线电通信问题，当一机组同另一机组以及塔台同时通话时，发生通信中断现象。KLM航班副机长在同塔台的通话中使用了不标准的用词方法。

调查表明，事故原因为空管与机组语言交流问题及机组人为因素造成。以下为当时的空地交流内容：

荷航机组：The KLM 4805 is now ready for take-off and we are waiting for our ATC clearance。

塔台：KLM 4805，you are cleared to the Papa Beacon，climb to and maintain flight level 90，right turn after take-off，proceed with heading 40 until intercepting the 325 radial from

Las Palmas VOR。

荷航机组:Yes, Uh… roger,sir. We are cleared to the Papa Beacon flight level 90 until intercepting the 325 radial from Las Palmas VOR. We are at take-off[uh…taking off](我们在起飞点? 我们正在起飞?)

塔台:OK…Stanby for take-off…We will call you.。

泛美机组:No. We are still taxxing down the runway。

塔台:Ah, Papa Alpha 1736 report the runway clear。

泛美:OK, will report when we are clear。

此时荷航 4805 已经起飞,双方目视发现后尽力避让,仍然相撞。

2. 两机空中相撞案例一

1996 年 11 月 12 日,刚在英迪拉·甘地国际机场起飞的沙特阿拉伯航空 763 号班机与正向同一机场进场的哈萨克斯坦航空 1907 号班机在新德里附近的哈里亚纳邦查基达里上空相撞。两架飞机上合共 349 人全部罹难,是航空史上第三严重的空难,也是最严重的空中相撞空难。

调查委员会认定意外的主因是哈萨克斯坦航空 1907 号班机的机长未遵从管制员的指示(保持指定的高度)。此外,当地机场设备落后也是引致意外的另一个原因。英迪拉·甘地国际机场当时并没有二次雷达获得航机的实际飞行高度,只有过时的一次雷达估计飞机的飞行方向与距离。另外,当时的民航管制区都是把进场和离场的航线分开,故新德里的航机使用同一条“空中通道”进场和离场。这增加了航机发生空中相撞的风险。

3. 两机空中相撞案例二

2002 年 7 月 1 日乌伯林根空难:俄罗斯巴什克利航空图 154 航班载客 69 人,DHL 快递公司波音 757 货机载客 2 人,相撞于德国乌伯林根上空,71 人遇难。两机同一高度(11 000 m)飞行,航线冲突。空管员于相撞前 1 min 才发现航线冲突,他要求图 154 降 300 m,但同时波音 757 在防撞系统提示下也下降了高度,随后空管员仍要求图 154 再降高度,但未让波音 757 保持高度。两机继续下降,相撞于 10 600 m 高度。

事故调查发现,苏黎士空管中心管理问题,仅 1 名空管员值班,指挥 2 个控制台。空管中心设备检修,主雷达、预警系统、专线电话关闭,雷达系统更新速度慢。同时,图 154 飞机应当按防撞系统的提示爬升高度。

这次事故发生后,国际民航组织规定,飞机在进近飞行时与空管指挥冲突应以空中防撞系统为准。

本章思考题

1. 简述 SHEL 模型的组成及各模块之间的关系。

2. 简述墨菲定律的内容。

3. 托马斯·特纳说过:“驾驶员检查单和标准操作程序是克服 80% 人为通用航空事故的有效武器”。检查单的作用是什么?

第3章 环境因素与飞行安全

3.1 环境因素概述

飞行环境主要是指飞行周围上下左右的客观条件，包括自然条件和人工条件，也称自然环境和人工环境。飞行的自然环境主要指飞行地带和空域、航路及其周围的地形、地貌、山丘、河川，以及大气物理现象。飞行的人工环境主要指飞行场所的机场、航路、通信、导航、灯光、标志，以及保障飞行安全生产的各种固定设施和物体。管理体制、运行机制、规章制度，属于社会环境。影响飞行安全的环境因素可归纳为社会环境、机场环境和气象条件。

3.1.1 社会环境对飞行安全的影响

社会环境包括经济因素和政治因素。经济因素标志着社会的发达程度，政治因素关系社会的稳定程度，两者都对飞行安全产生一定的影响。

1. 经济因素

在绪论中介绍过，2011—2015 年全球各大洲飞行事故率由低到高依次为欧洲、北美、亚洲、拉美、中东和非洲，该顺序表明飞行安全水平与经济的发达程度密切相关。表 3.1 所列为全球不同区域飞行安全统计数据，可以得出相同的结论。在经济发达的地区，飞机机型、维修技术、机场建设、机场配套设施及飞行管理等水平高，因此，飞行能得到良好的保障，飞行安全水平高。而在非洲等经济落后的地区，飞机机型落后、机场建设及设备配备不健全，管理水平低下，从而导致飞行安全水平低。

表 3.1 各区域运营飞机事故率(每百万架次起飞航班)

地区	2016 年	2011—2015 年
非　洲	0.00	2.50
亚　太	0.38	0.42
独联体国家	0.00	2.28
欧　洲	0.27	0.12
拉美/加勒比海	0.79	0.63
中东/北非	2.49	0.72
北　美	0.31	0.17
北　亚	0.00	0.00

2. 政治因素

由于国家间及国家内部的政治因素影响，导致一些极端行为冲击到民航运输业，使客机飞行安全受到威胁，主要形式有以下两种：

(1) 空中劫持、恐怖主义

由于一些恐怖主义活动或个人极端行为，导致客机被劫持或爆炸等。与此相关的案例有

1988 年洛克比空难和 2001 年“911”恐怖袭击事件等。

（2）军方攻击

民航客机遭受到地区军事力量威胁或打击引发空难。相关案例有 1983 年前苏联军机拦截韩国 B747，1988 年美国导弹误击伊朗民航 A300，2001 年乌克兰导弹误击俄罗斯图 154 和 2014 年马来西亚航空 MH17 在乌克兰上空被导弹击落。

3.1.2 机场环境对飞行安全的影响

1. 净空区

为了保证飞机在起降的低高度飞行中没有障碍物妨碍导航和飞行，因而要划定一个称为“进近区”或“净空区”的区域。这个区域的地面和空域要按照一定的标准来控制，并把有关的地形情况标注在航图上。净空区的地面区域称为基本区面，在跑道周围 60 m 的地面上空有若干的障碍物限制面，其构成如图 3.1 所示。净空区内要求无建筑及鸟类、风筝等其他飞行物。

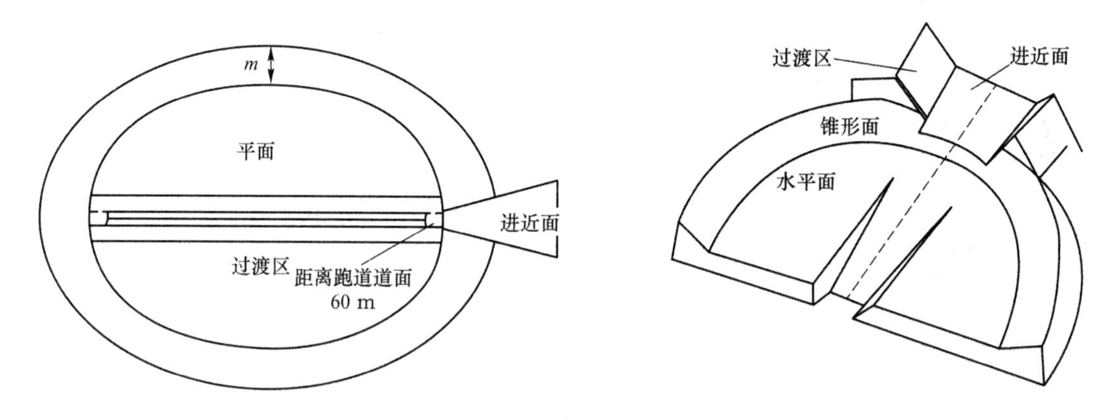

图 3.1 机场净空区示意

净空区由以下几部分组成：

a）水平面。机场标高 45 m 以上的一个平面空域；

b）进近面。由跑道端基本面沿跑道延长线向外向上延长的平面；

c）锥形面。在水平面边缘按 1∶20 斜度向上延伸的平面；

d）过渡面。在基本面和进近面外侧以 1∶7的斜度向上向外延伸。

2. 鸟击问题

鸟击是威胁飞行安全的一个重要问题。90％的飞机鸟击事故发生于机场附近，50％事故的发生高度低于 30 m，1％高于 760 m。鸟击问题每年给美国带来的行业损失高达 6.5 亿美元，全球的行业损失达 12 亿美元。我国的鸟击事故发生率呈逐年上升态势。图 3.2 所示是我国和美国历年的鸟击统计数据。

（1）鸟击对飞行安全的影响

在飞机起飞、降落阶段遭遇鸟击，会对飞机不同部位造成损坏。不同的部位损坏对飞机的安全造成的危害程度各不相同，某些部位遭受损坏有可能严重威胁飞行安全，例如发动机损坏等。表 3.2 所列是飞机各个部位遭遇鸟击损坏情况统计。

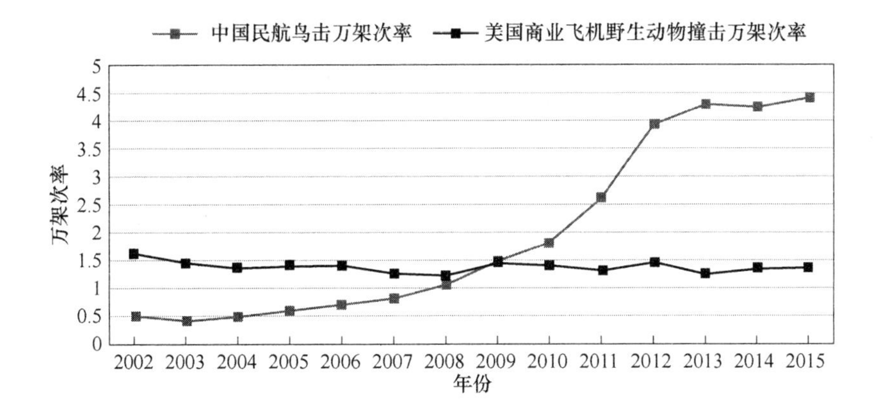

图 3.2　鸟击事故统计曲线

表 3.2　飞机各部位遭遇鸟击后受损情况

受损部位	比　例/%
发动机	24
雷达天线罩	17
机翼/旋翼	16
机头/座舱盖	14
风　挡	10
阻塞飞机起落架	4
机　身	1
其　他	7

(2) 解决方案

为解决鸟击问题,应与林业等相关部门合作,加强大型野生鸟类迁徙跟踪工作,及时获取相关信息,及时报告,及时预防。在机场周围实施更加严格的防鸟措施。同时对遭受鸟击概率大的发动机部位进行改良,增加其承受与体重较大鸟碰撞的能力。同时使用探鸟雷达系统跟踪鸟类活动,及时预报。

(3) 鸟击事故案例

1995 年 9 月 22 日,波音 707 在美国埃尔门多夫空军基地起飞后撞击鸟群,2 min 后坠毁,24 人遇难。

2009 年 1 月 15 日,美国纽约一架 A320 起飞后,飞机爬升期间撞击一群加拿大黑雁(约 5 kg),发动机吸入鸟遭受损坏,双发失效,迫降于纽约哈德逊河,机上 155 人全部安全撤离。这是近半个世纪以来商业客机首次成功地迫降在一条河流上,且机上人员无一伤亡。

3. 机场地理条件

飞机作为一种便捷又高效的交通工具提供给人们极大的交通便利,但是飞机能够到达的区域受到机场的地理环境、跑道状况、机场设施等条件限制。机场恶劣的地理条件会对飞行员飞行技术甚至心理素质提出更高的要求。

(1) 机场恶劣的地理条件影响起降安全

机场周边有高地、山脉,导致气流条件、净空条件恶劣。高地、山脉附近大气流动复杂多变，在飞机起飞、进近及着陆阶段复杂的大气扰动会严重影响飞机的飞行安全。

机场跑道过短，飞机在起飞滑跑时的操作就会受到严格的限制。同样，降落时飞机在跑道上刹停要求更加严格。

（2）高原、高温机场

在高温、高原机场起降是飞机处于困难条件下的一种飞行。喷气发动机的推力是与进气的空气质量流量成正比。高海拔和高温都会使进气的空气质量、流量减小，致使发动机推力降低。气温高导致空气不容易压缩，发动机的压缩比降低，使得推力随气温升高而降低更为显著。

严格地说，海拔高度和天气温度变化对飞机的一切性能指标都有影响，飞机飞行手册中有相关数据。这些影响通常是可以感觉到的，但有些则是不易察觉的。例如，海拔和气温高时，上升率减小，飞行员可以从爬高时间长这点上得到验证。然而气温高时最大平飞速度减小，升限降低，就不易觉察出来，因为营运飞行通常是在实用包线范围内，没有到达平飞最大速度和实用升限。

一般高原机场，海拔为 1 500～2 400 m，例如云南丽江机场海拔 2 243 m。高高原机场，海拔大于 2 400 m，例如青海玉树机场海拔 3 905 m。玉树机场位于中国青海省玉树藏族自治州玉树市巴塘乡巴塘草原，支线机场，等级为 4C 级，跑道长 3 800 m，宽 45 m，可满足空客 319 等机型起降。

高温、高原机场会使发动机推力降低、影响滑跑距离、爬升性能和起降重量，主要影响有：

a）滑跑距离增长。在相同起飞重量 W 下，高原和高温环境都会导致起飞滑跑距离增大。距离增长即

$$L \approx \frac{V_T^2}{2a}$$

V_T 表示离地真空速（无风），a 表示起飞滑跑加速度。发动机推力随海拔上升而减小，因而高海拔机场起飞时滑跑加速度 a 减小。

高温和高原环境下空气密度较小，因而达到起飞所需的升力所需的真空速 V_T 也更大。高原、高温机场起飞的滑跑距离加长，是因为在相同的离地速度（指示空速 V_1）上，实际的真空速 V_T 要增加。

另一方面，空速计是根据测得的动压和标准空气密度 ρ_0 换算出此时的空速，称指示空速 V_1。较小的空气密度使得高海拔导致同样指示空速下，实际的真空速较大。V_T 为

$$V_T = V_1 \sqrt{\frac{\rho_0}{ph}}$$

升力与空气密度是相关的，如果空气稀薄了，要更高的真空速才能产生同样的升力，而指示空速是以海平面密度计算的。

上述因素都使滑跑距离增加。图 3.3 所示为波音 737－200 型飞机在不同重量时，在海平面与海拔高度 h=3 000 m 时的滑跑距离，显然滑跑距离显著增加。

b）爬升能力降低。上升率公式为

$$V_y = V\sin\theta = V\,\frac{P-X}{G}$$

式中：$P-X$ 表示发动机剩余推力。

可见推力降低导致飞机在相同空速时上升率下降。图 3.4 所示为海拔高度和气温对飞机上升率的影响。

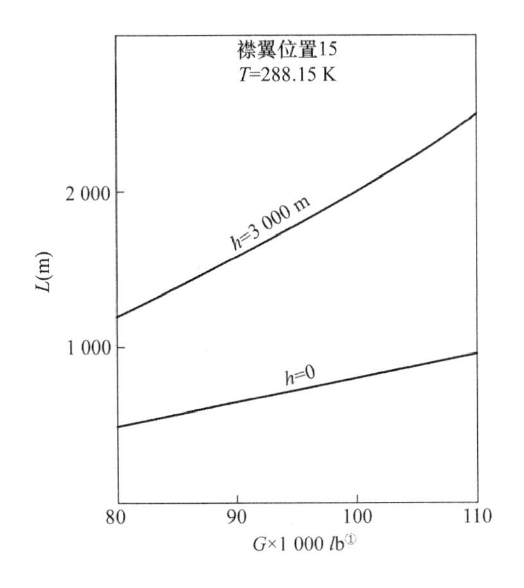

图 3.3　不同高度的起飞滑跑距离

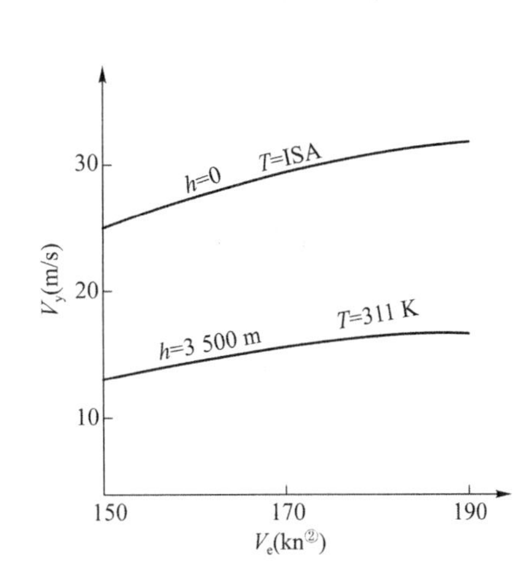

图 3.4　气温与海拔对上升率的影响

c）起飞重量受限。通常起飞的最大允许重量是在场地长度、结构、上升梯度、轮胎速度和刹车能量等限制中，选择一个限制最严格的起飞重量（即上述各限制中最小的重量）作为起飞的最大允许重量。在一定的跑道长度下，温度越高，最大起飞重量越小。若不正确修正最大起飞重量，可能出现冲出跑道事故。图 3.5 所示为气温对起飞重量的影响。

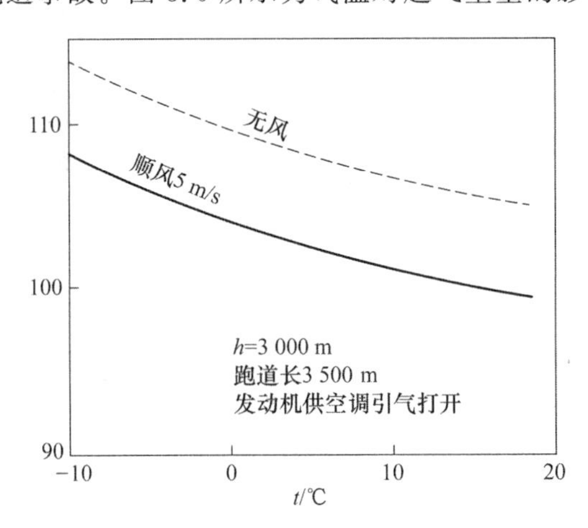

图 3.5　相同场地长度下，气温限制的起飞重量

3.1.3　气象条件对飞行安全的影响

1. 复杂气象要素

民用航空器每一次运行的过程就是与天气现象斗争的过程。飞行中遇到的气象不利因素

① lb 为英制重量单位“磅”，1 lb＝0.454 kg。

② kn 为英制速度单位“节（海里/小时）”，1 kn＝0.514 m/s。

有雷雨、风切变、龙卷风，以及低于规定标准的低云低能见度和大风现象等。如果不进行事先规避的话，轻则返航备降，重则机毁人亡。因此，气象是飞行的自然环境中的关键因素，也是决定能否保证飞行安全的重要因素。民用航空器的运行，就是要寻找有利于飞行的气象因素，避开不利于飞行的气象因素，这是组织与实施飞行中，飞行人员和地面的空中交通管制以及飞行签派人员共同的任务。

与其他事故因素相比，气象因素是一种更为客观的自然环境因素，它仅仅是一种触发事故的外部条件，并不一定都会造成飞行事故，但受人们的认识水平和测报条件限制，可能使飞行陷入危险的境地。各国的科学界和航空界一直在不懈地寻找方法去认识和掌握气象条件，以求最大限度地减少气象条件对飞行安全的影响。不利于飞行的气象要素，通常称为复杂气象。对飞行影响较大的复杂气象要素有结冰、风切变、大气紊流、积雨云和低云。

(1) 结　冰

在一定的气象条件下，在飞机机体、舵面、发动机进气道、风挡玻璃、天线、直升机旋翼上都有可能结冰。结冰将导致飞机的空气动力性能恶化，破坏飞机的安定性和操纵性，减少发动机推力，妨碍目视飞行，影响通信导航，造成直升机剧烈抖动等。国内外曾经多次发生过因结冰导致的空难。虽然现代航空器设计加强了防冰和除冰系统的功能，但是结冰仍然是危及飞行安全的主要气象要素。

(2) 风切变

最易造成飞行事故的是风切变，特别是低空风切变，它是由风在风速和风向不连续突变而产生的，具有时间短、强度大、不易探测和预报等特点，是一个航空气象难点。除了风切变以外，在起飞和着陆中，风速如果超过机场、机型的规定标准值也对飞行安全构成威胁。

(3) 大气紊流

飞机在飞行中，因气流原因造成的突发性忽上忽下、左右摇摆的现象称为颠簸。颠簸的出现与大气的湍流有关。强烈的颠簸可以使飞机的空速和高度发生显著的变化，给飞行操纵带来困难。虽然在航空史上因颠簸发生的失事不多，但是由于颠簸导致飞机结构变型、机上乘员伤亡的事故并不鲜见。

(4) 积雨云和低云

一般的云并不对飞行产生危害，但是如果进人强烈的对流云(如积雨云)等，不仅发生强烈颠簸，而且还有遭雷击的危险。机场上空高度较低的云会遮蔽跑道，影响飞机的安全起降。

除上述气象要素外，由于各种因素(如大雨、大雾和扬沙)等引起机场能见度低于机场和飞行员的规定标准值，也对飞行构成威胁。大气中的温度、密度、气压等因素发生不利变化时，若飞行员处置不当也会对飞行产生一定的影响。

2. 复杂气象是事故的主要诱导因素

复杂气象条件一方面对飞机的飞行性能产生影响，需要飞行员采取不同于常规飞行环境的飞行策略，并且还要灵活机动，随机应变才能确保飞行安全。但往往在遭遇复杂气象条件时，由于气象变化时间短，情况复杂，容易引发飞行员产生蛮干、侥幸等急躁情绪，在不正常不理智的心理状况下飞行员很难做出快速正确的飞行决策。因此说，复杂气象是事故的主要诱导因素。绝大多数的事故都是在复杂气象条件下发生的。例如，2010 年波兰空难，机场的低能见度导致飞行员在判断上出现偏差，在侥幸心理的作用下作出错误决策导致空难发生。

3. 复杂气象是客观因素，具有不可预测性

无论是对以目视飞行方式飞行的早期航空器，还是对以仪表飞行方式飞行的先进的现代航空器，复杂的气象条件始终是安全飞行的障碍。特别对于设备性能落后的航空器和气象预报测报条件较差的机场和航路来说，是不可抗拒的客观因素。近年来，航空器和地面设备，以及气象测报技术虽然有了长足的进步，但因复杂气象原因所引发的事故并没有按人们所希望的大幅度减少，这说明气象还具有不可预测性的一面。

3.2　能见度与飞行安全

云、能见度和风是影响飞行活动最经常的三个气象要素。在日常的飞行活动中，机场的开放与关闭，就气象条件而言，一般是以云高和能见度为标准。“复杂气象飞行”与“简单气象飞行”概念中，复杂气象与简单气象指的也是云和能见度作为必要的条件。

3.2.1　飞行能见度

飞行中从飞机上看到的周围实际目标物的最大距离称飞行能见度，又称空中能见度。飞行能见度通常分为水平能见度、垂直能见度及倾斜能见度三种。

飞行能见度取决于大气状态、机上视野和观测条件和观测者的视力状况三个因素。如果驾驶舱的视野和观测条件能客观全面地判定大气状态，并且视力状况正常，那么飞行能见度只取决于大气状态。

决定飞行能见度的主要因子是大气状态，但飞行速度等对飞行能见度也有影响。这就使得飞行能见度与地面能见度在很多情况下又有较大差异。造成这种不同的原因主要是由于飞行能见度的观测条件与地面能见度的观测条件不同。空中观测是飞行人员在运动着的飞机上隔着座舱玻璃进行的。由于飞机的运动，观测者所观测到的目标的轮廓时刻都在变化，而座舱玻璃又对光线有影响。这些都可能增加观测目标的困难，目标的能见距离也将因此减小一些。空中观测目标时，背景的情况比较复杂。由于飞机不断地运动，观测者相对于云、雾、霾层等的位置是多变的，因此，视线所穿过的气层的透明度也在不断地变化。

在天空有云（云量 3～4）及地面能见度小于 10 km 的条件下，在 6 500 m 高度上，各种地标的能见距离比良好天气条件下的要减小 1/3～1/2，如表 3.3 所列。

表 3.3　6 500 m 高度，不同条件下各种地标的能见距离

进行目测的条件地标	能见距离（白天无积雪覆盖）/km	
	能见度良好	云量 3～4，轻霾（烟），地面能见度 6～10 km
城　市	100	60～70
村　庄	70	40
铁　路	35	15～20
火车蒸气	50～60	40
公　路	60～70	25～30
土　路	40	15～20
湖　泊	100	50～60
大河流	120	80
小河流	60	20～30

3.2.2 影响能见度的大气状态

固态或液态微粒或其可见聚集体漂浮于大气中，造成视程障碍，使能见度降低并危及飞行安全。影响能见度的天气现象包括云、雾、霾、烟幕、沙尘暴、吹雪等。

1. 云

云是浮在空气中的大量小水滴和(或)冰晶共同组成的可见聚合体。其底部接触地面。不同的云对飞行的影响是不同的。

2. 雾

雾贴地大气中悬浮大量小水滴或冰晶，使能见度恶化。雾分为轻雾和浓雾两种。轻雾的能见度为 1～10 km，浓雾能见度小于 1 km。机场有雾将妨碍飞机的正常起飞和着陆，严重时飞机甚至无法滑行，处置不当易造成事故。

3. 烟　霾

霾指大量细微的干尘粒或盐粒等均匀地悬浮于空中，使水平能见度小于 10 km 的空气普遍混浊现象。

烟幕指由燃烧或化学反应生成的大量极小固态微粒聚集于近地面层，使水平能见度小于 10 km 的空气浑浊现象。烟幕对飞行的影响与雾类似，且多与雾共存，其对飞行的影响较单纯的雾或烟幕更明显。

烟幕与雾共存称为烟雾，霾与烟幕共存称为烟霾。

4. 沙　尘

沙尘泛指强风将地表面土壤颗粒大量卷入空中所造成的视程障碍现象，包括沙尘暴、扬沙和浮尘。

在风沙中飞行，由于能见度恶劣，不辨地标，易造成迷航、着陆困难。沙粒间及沙粒与飞机间摩擦易产生静电，可干扰无线电通信和无线电罗盘。沙粒可磨损飞机表皮和机窗玻璃，沙粒进入机体和发动机，会造成机件磨损、油路堵窄、仪表失准。沙尘伴有大风，常为复杂天气飞行，应及时掌握气象情报，谨慎处置。

5. 吹　雪

吹雪指地面积雪被大风吹起，大量雪晶在空中飘扬，使水平能见度小于 10 km 的现象。吹雪常使地面能见度恶化，可严重影响飞机的起飞和着陆，致使机场关闭。

3.2.3 低云及有限能见度对飞行的影响

低云使起飞、着陆、低空及超低空飞行难度加大，着陆中看不清跑道，使飞机偏离跑道或过早、过迟接地。飞行指挥员看不到飞机，容易造成指挥错误。飞行员看不清地标只凭感觉和仪表飞行，同时由于心理上的压力可能产生操纵错误。

表 3.4 所列是我国 1951—1985 年 245 次与气象因素有关的严重飞行事故记录的统计结果。可以看出，低云造成的飞行事故最多，占 55%。其次是能见度，占 19.2%。

表3.4　各种气象因素造成的飞行事故百分比

因　素	低　云	能见度	低空风切变	积雨云	飞机积冰	下冲气流	尾　流	锋　面	其　他	合　计
%	55.5	19.2	8.2	7.8	2.0	1.6	1.6	0.8	3.3	100.0

3.2.4　云中飞行错觉

人类的定方位能力是在进化的漫长历程中，通过地面活动而逐渐形成的。地面方位基本上是个二维问题，涉及平面上的方向和距离。而飞行中飞机的方位是三维问题，驾驶员必须知道方向、距离和高度，同时还要明确飞机相对于水平面的姿态。一旦进入云中，如果在云中失去了目视线索，定位就变得困难，甚至产生云中飞行错觉。

1. 云中飞行错觉产生原因

云中飞行，如果飞行员仅凭身体的感觉，按在地面活动中获得的经验来判断飞机的姿态和运动状态，常会发生错觉。错觉产生的原因与人耳中平衡器官的生理功能有关，其原因有三个方面。

(1) 不同的飞行状态可能对人体产生相同的合力

飞行中的飞行员除受到重力作用外，还要受到上下、左右、前后各个方向的惯性力的作用。实际飞行中出现惯性力是多种多样的，错觉因而也就会各式各样。比如减速上升和加速下降产生相同的惯性力，相同的感觉，使得飞行员无法判断飞机上升还是下降，进而出现错误的操作。

(2) 哥氏反应

飞机左转弯时，如果飞行员突然向前低头，则大脑会感觉是向右转弯，形成错觉。这是因为，人体感觉转动是靠内耳的三组互成90°的平衡管。当头部转动时，半规管内的内淋巴也会因惯性力而产生反方向的相对运动，从而引起转动的感觉刺激。正常情况下，这三组平衡管分别对头部和身体在俯仰、滚转和偏航方向的角加速度作出反应。但若头部同时在两个互成90°的平衡管的平面内转动时，则由于惯性，会引起第三管内的内淋巴流动，从而产生这个方向的转动感觉，原理同下面公式。

$$F=2m\vec{v}\times\vec{\omega}$$

(3) 感觉阈值

人体存在感知阈值，外界刺激量需要超过一定的量值人体才会感知到变化，例如：垂直加速度感受范围是4～12 cm/s^2，水平加速度感受范围是5～20 cm/s^2。在失去目视参考后，人体难以感觉到缓慢的变化。

2. 云中飞行注意事项

(1) 云中飞行要相信仪表，不要凭身体感觉飞行

这是仪表飞行训练所一再强调的，正常情况下飞行员也是这样做的。但在某些特殊情况下，若丧失仪表线索，飞行员很可能仅凭自身感觉进行操纵，此时就有可能由于错觉而导致错误的操纵，并很有可能导致飞机失去控制。

(2) 转换飞行阶段时要特别提高警惕

由目视飞行条件转入仪表飞行条件，或由仪表飞行条件转入目视飞行条件，特别容易出错

而发生问题。航空史上曾发生过多起离地升空入云后，飞机很快坠落的事故。因为飞行员都比较喜欢直接的目视飞行，一旦参照系统突然改变，例如转入仪表飞行时，常常会不自觉地企图回到目视飞行，这就很容易迷失方位而导致失事。这种情形下最好维持一段两翼水平的直线飞行，以便适应新的参照系统。进近阶段，出云后也有类似情况。机组应密切配合，防止因忽视对仪表的必要监控，以及对新条件的不适应而出错。

(3) 避免半仪表和半目视的飞行

大部分有云或能见度似好又不好时，在低于安全飞行高度进行半仪表半目视飞行是最危险的，因为部分看不见的区域可能有山峰或其他障碍物，有撞击坠毁的风险。

(4) 避免头部不必要的过多运动

飞机转动过程中，飞行员的头部运动会因哥氏反应导致错觉，应注意避免头部不必要的过多运动。

3.3 特殊气流与飞行安全

3.3.1 风对飞行的影响

1. 风的形成

风指空气相对于地表面的水平运动，是一个平面矢量，分别以风速和风向表示其大小和方向。风速指在单位时间内空气移动的水平距离，风速大小也用风力等级表示，风速 1～12 级，对应速度范围为 1～35 m/s。风向指风的来向，以正北为基准(0°)，按顺时针方向旋转。航行风向(风的去向)与气象学的定义相反。在领航学中，指的是风的去向，叫航行风向，它同气象学定义的风向正好相差 180°。风分为地转风、梯度风、摩擦风、热成风、大气环流、局地环流等。

2. 风对飞行的影响

(1) 风速对飞机起飞和着陆的影响

飞机的起飞和着陆性能是指起飞(着陆)滑跑的时间和距离。这里分几种情况讨论风速对飞机起飞和着陆的影响。

飞机的起飞和着陆，通常是在逆风条件下进行的。因为逆风能使离地速度和着陆速度减小，也就能缩短飞机的起飞滑跑距离和着陆滑跑距离。逆风起飞由于能产生飞机的附加进气量，因而增大飞机运动开始时的方向稳定性和操纵性。

假设，起飞滑跑时，飞机是以初速为零的等加速运动，而且离地时刻飞机相对于地面的速度等于 V_0-u(u 为风速，V_0 为离地时刻飞机的空速)。在无风(静稳)的条件下，起飞滑跑的时间和距离等于

$$t_0=\frac{V_0}{a}$$

$$L_0=\frac{{V_0}^2}{2a}$$

显然，逆风条件下起飞滑跑时间和距离的相对变化为

$$\frac{t}{t_0}=1-\frac{u}{V_0}$$

$$\frac{L}{L_0}=\left(1-\frac{u}{V_0}\right)^2$$

试取逆风 $u=10\ \mathrm{m/s}$,$V_0=360\ \mathrm{km/h}$ 来讨论,则

$$\frac{t}{t_0}=\left(1-\frac{u}{V_0}\right)=\left(1-\frac{10}{100}\right)=0.9$$

$$\frac{L}{L_0}=\left(1-\frac{10}{100}\right)^2=0.81$$

在这种情况下,起飞滑跑时间和距离较无风时分别缩短了10%和19%。式中 t 和 L 分别为起飞滑跑的时间和距离,a 为起飞滑跑时的平均加速度。

计算结果表明,在相同升力、相同空速下,逆风时离地的地速较小,飞机滑跑距离、时间比无风时短。因此,逆风起飞对离地速度小的飞机更为有利。逆风之所以使起飞滑跑距离缩短,是因为逆风起飞时,飞机在滑跑前就有了一定的空速,所以飞机离地速度比较小的时候,就可获得离地所需的空速,使飞机提前离地,从而减少了滑跑距离。

逆风着陆时,飞机滑跑时间和距离的变化,与起飞时相类似,即逆风着陆,将使飞机着陆滑跑时间和距离缩短。这是因为逆风增大了飞机的迎面阻力,使飞机减速加快。此外,飞机逆风着陆时,接地速度比无风时要小,在同样减速度的情况下,飞机的滑跑时间和距离也要缩短。

在顺风条件下,起飞滑跑时间和滑跑距离的相对变化为

$$\frac{t}{t_0}=1+\frac{u}{V_0}$$

$$\frac{L}{L_0}=\left(1+\frac{u}{V_0}\right)^2$$

计算结果表明,滑跑距离和滑跑时间都增加。

取顺风风速 $u=10\ \mathrm{m/s}$、$V_0=360\ \mathrm{km/h}$ 来讨论,则起飞滑跑时间和滑跑距离分别增加了10%和12.1%。由此可见,飞机顺风起飞滑跑距离的增大值要比逆风时的缩短值更大一些。这是因为,虽然顺风时滑跑时间的增大值与逆风时滑跑时间的缩小值相同,但顺风起飞时飞机离地时刻相对于跑道的运动速度,比逆风时要大。因此,在 u/V_0 值相同的情况下,飞机顺风起飞滑跑距离的增大值,比逆风起飞滑跑距离的缩短值要大。同样,飞机着陆时的情况亦如此。所以,飞机通常都是逆风起飞和着陆。

(2) 风向对起飞着陆的影响

图3.6所示为风向对飞行的影响,可以看出,在一定的风速、风向范围内飞行是安全的,超出规定的范围则会导致危险。在侧风较大的情况下,飞机起飞和着陆的操纵变得相当复杂。

在侧风中滑跑时,飞机两翼所受风的作用力不相同,迎风一侧机翼的升力增加($Y-\Delta Y$),背风一侧机翼的升力减小($Y+\Delta Y$),于是产生一个倾斜力矩。另外,由于侧风压力中心与飞机重心不重合,还会产生出一个使飞机向逆风方向旋转的转弯力矩(Z)。当侧风很大,跑道的地面对机轮的反作用力不足以使飞机保持平衡时,机头便向侧风方向偏转。所以飞机在侧风中滑跑时,都应向侧风方向压杆以消除倾斜力矩并向侧风的反方向蹬舵以消除转弯力矩。

在侧风中飞机着陆的困难比起飞时更大,此时飞行员必须注意修正偏流,如果修正不当,会造成飞机场外接地。飞机在强侧风条件下接地时,甚至可能发生轮胎破裂和起落架折断等事故。各种类型的飞机都有其起飞着陆所允许的最大侧风值,其大小与飞机结构特点及翼载

荷有关。侧风着陆时，受侧风影响引起偏流，如果不采取措施飞行轨迹将发生偏离，如图 3.7 所示。侧风着陆需要采取措施进行航迹控制，确保着陆轨迹正常，常用的措施有：

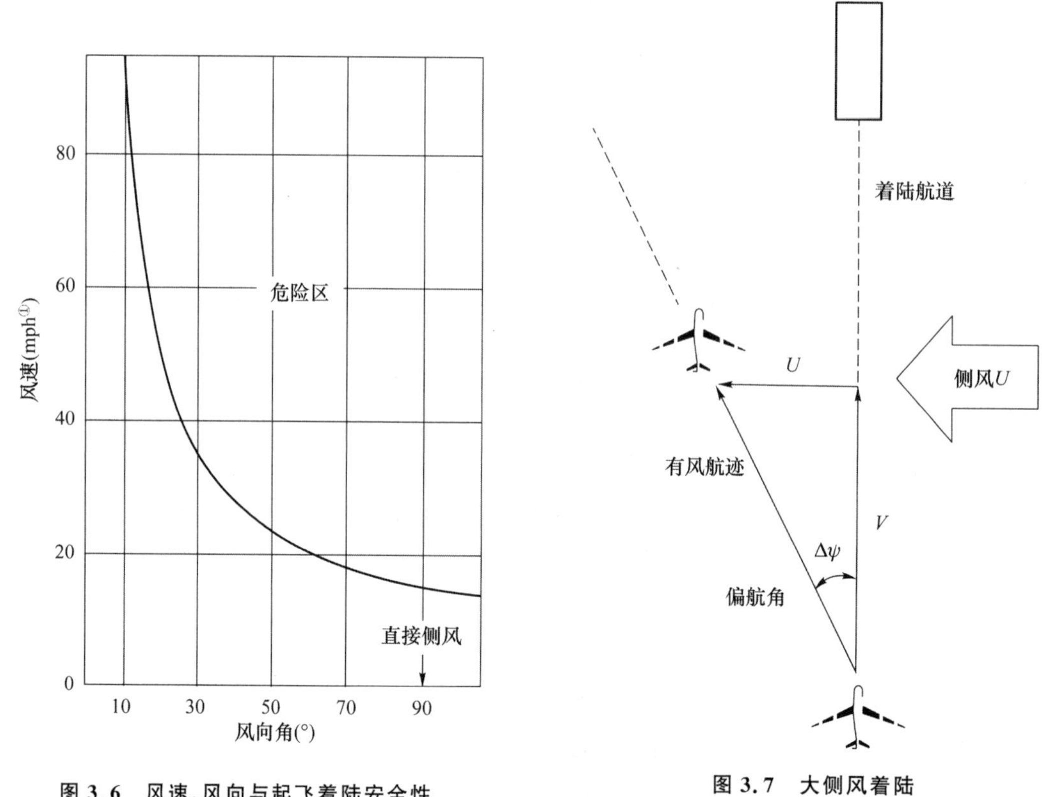

图 3.6　风速、风向与起飞着陆安全性

图 3.7　大侧风着陆

a）航向修正法进近。如图 3.8 所示，五边进近时以机翼水平姿态向逆风方向偏离一个偏流角，接地前可保持飞机的航迹与跑道中心对齐。但以该姿态机身轴线未与跑道对齐，触地时起落架支柱会承受侧向载荷，应予以避免。

图 3.8　航向修正法进近

① mph 为英制单位“英里/小时”，1 mph=1.61 km/h。

b) 侧滑修正法着陆。如图3.9所示，着陆时偏转副翼和方向舵，使侧滑角等于偏流角，并稳定航向。该法在拉平和着陆时使用，能保证滑跑时飞机的航迹和纵轴保持与跑道中心线重合对齐，同时机身轴线与跑道轴线重合，有效防止飞机在侧向运动中接地，避免产生侧向载荷破坏起落架。如遇强侧风，滚转角过大，副翼或方向舵行程不足时，则应转降备用机场。

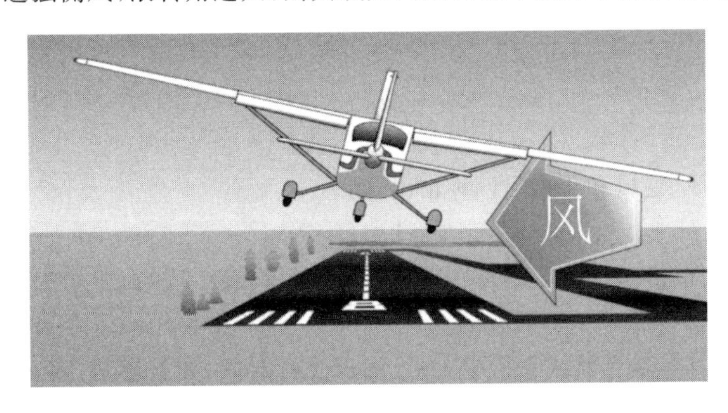

图3.9　侧滑修正法着陆

无论是采取哪种方法着陆，都遵循一个总的原则，即顶风着陆。侧风进近着陆全过程如图3.10所示。

图3.10　侧风进近与着陆全过程

(3) 风对飞行航程的影响

航程指飞机从起飞至着陆在空中飞行的水平距离。风会影响飞机航程，航程 L、地速 W 和续航时间 t 之间的关系为

$$L=Wt$$

无风时地速等于空速 V，航程 L_0 为

$$L_0=Vt$$

顺风时，$W=V+u$，u 为风速，航程 L_{ta} 为

$$L_{ta}=(V+u)t=L_0\left(1+\frac{u}{V}\right)$$

逆风时，$W=V-u$，航程 L_{he} 为

$$L_{he}=(V-u)t=L_0\left(1-\frac{u}{V}\right)$$

正侧风时，$W=\sqrt{V^2-u^2}$，航程 L_p 为

$$L_p=(V^2-u^2)^{1/2}t=L_0\left(1-\frac{u^2}{V^2}\right)^{1/2}$$

上式按两项式展开，取前两项，得

$$L_p=L_0\left(1-\frac{1}{2}\frac{u^2}{V^2}\right)$$

比较无风、顺风、逆风和正侧风四种情况，则有

$$L_{ta}>L_0>L_p>L_{he}$$

因此，只要条件允许，机组应选择在顺风或顺侧风高度上飞行，以增大航程或节省燃料和飞行时间。

远程飞行，尤其是越洋航线飞行中，为了缩短飞行时间，节省燃料，要求选择最佳航线，即选择飞行时间最短的航线——大圆航线(通过地心的圆)，如图 3.11 所示阴影圆的劣弧。两点之间的大圆劣弧线是两点在地面上的最短距离。沿着这一段大圆弧线航行时的航线称为大圆航线，大圆航线为最经济航线。同时，在飞行速度一定的情况下充分利用风的影响增大地速。

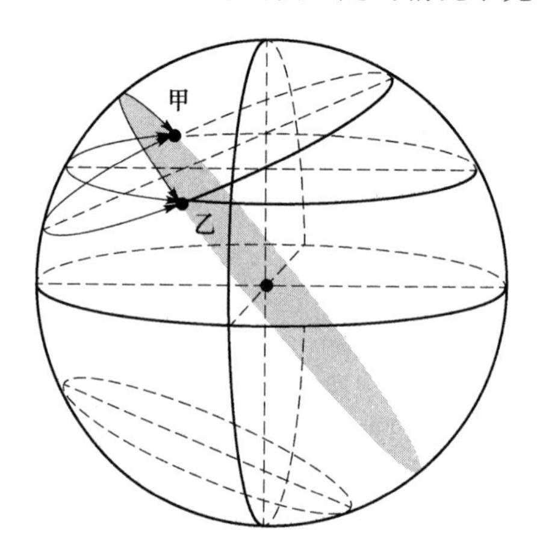

图 3.11　大圆航线

3.3.2　低空风切变与飞行安全

目前，国际航空和气象界均已公认低空风切变是飞机起飞和进近着陆阶段的一个危险因素。危及飞行安全的低空风切变现象具有时间短、尺度小、强度大等特点，带来探测难、预报难、航管难、飞行难等问题，是一个不易解决的航空气象难题。航空气象学中，低空风切变通常是指近地面 600 m 高度以下的风切变，表现为气流的运动速度和方向的突然变化。

1. 低空风切变

(1) 风切变概念

风切变是指大气中两点之间风矢量(风向和风速)的剧烈变化。一般将尺度较大、具有某种规律性的突风归为风切变，随机扰动则归为大气紊流。风切变类型有风的垂直切变和风的

水平切变,需要特别注意风的垂直切变,如图 3.12 所示的风切变。

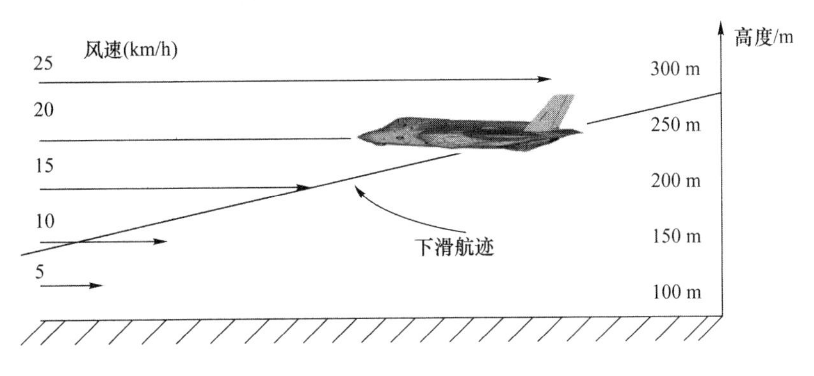

图 3.12　垂直风切变

(2) 风切变成因

风切变形成的原因有强对流天气(雷暴、积雨云等)、锋面天逆温型的低空急流天气和地形环境因素。

(3) 风切变分类

风切变按照航迹方向,分为顺风切变、逆风切变和侧风切变。

顺风切变,指沿航迹(顺飞机飞行方向)顺风增大或逆风减小,以及飞机从逆风进入无风或顺风区。顺风切变使飞机空速减小、升力下降、飞机下沉,这是比较危险的一种低空风切变。

逆风切变指沿航迹逆风增大或顺风减小,以及飞机从顺风进入无风或逆风区。逆风切变使飞机空速增加、升力增大、飞机上升,它对飞行的危害较顺风切变来说要轻。

侧风切变指飞机从一种侧风或无侧风区进入到另一种明显不同的侧风区。侧风有左侧风、右侧风之分。侧风切变可使飞机发生侧滑、滚转或偏航。

2. 低空风切变对飞行的影响

(1) 风切变飞行阶段特点

风切变飞行事故都发生在高度低于 300 m 的起飞和着陆飞行阶段。风切变作为一种扰动,若飞行员不加修正,飞机的俯仰、滚转、偏航和空速等状态将发生复杂的变化。风切变飞行事故中起飞事故占 18%,着陆事故占 82%,原因有几个方面:首先是飞机改出高度不够,穿越风切变区的时间不足,影响因素有飞机的惯性、飞机性能及起降阶段的飞行特点。其次,飞机的惯性影响方面,飞机越重,惯性越大,增速时间较长。飞行性能影响方面,加油门增加空速,同时抬机头增大迎角避免飞机下沉太快,导致阻力增加,因而加速时间更长。最后,飞行起降阶段,飞行速度低、阻力大,机动裕度小,剩余推力处于最低限。以上原因都是起降阶段事故率高的主要原因。

较强的风切变环境中,飞行员控制飞机的能力是有限的。飞机改变速度需要时间,包括飞行员作出反应的时间、发动机增加(或降低)功率的时间、飞行员操纵飞机改变飞行姿态的时间(增大或减小迎角,保持合适的上升或下降速度)等。

假设飞机在 36 km/h 的逆风中飞行,空速为 180 km/h,地速 144 km/h。若飞机突然进入风速为零的区域,空速降至 144 km/h,此时若增加地速,使空速恢复到 180 km/h 所需耗费的时间,风切变中飞机增速如表 3.5 所列。

表 3.5　风切变中飞机增速对照表

地速增量/(km・h^{-1})	增速时间/s
144～155	39.9
144～162	77.5
144～173	175.5

表 3.5 所列说明要使飞机基本恢复到原来的空速,至少需要 176 s。但是在飞机起飞、着陆阶段,飞机穿越风切变区的时间只有几秒钟的余量。若飞行员不能在这几秒钟之内,操纵飞机使其高度不致降低过多以便实现增速,飞机就有坠毁的危险。

(2) 风的垂直切变强度标准及对飞行的影响(切变层厚度 30 m)

风切变强度分为轻度、中等、强烈和严重,对应的风速变化如表 3.6 所列。

表 3.6　低空风切变强度标准

风切变等级	风切变值	
	m/s	s^{-1}
轻　度	0～2	0～0.07
中　等	2.1～4.0	0.08～0.13
强　烈	4.0～6.0	0.14～0.20
严　重	＞6.0	≥2.0

不同类型风切变其危害程度不同,表 3.7 所列,表示风切变尺度及对飞行的危害。

表 3.7　不同类型低空风切变的时空尺度及对飞行的危害

风切变类型	水平尺度	时间尺度	对飞行的危害程度
下击暴流	＞4 km	几分钟	大
微下击暴流	＜4 km	几分钟至十几分钟	大
雷　暴	几十千米	几小时	大
冷　锋	几百千米	几十小时	中
暖　锋	几百千米	几十小时	中
逆　温	几百米至几千米	几小时	中
急　流	几百米至几千米	几小时	中
地　形	几百米至几十千米	几小时	中
障碍物	几百米至几十千米	几分钟至几小时	小

(3) 低空风切变对飞机起降的影响

风切变发生的高度越低,对飞行的影响也越大。因为飞机在起飞和着陆时,飞行速度都比较小,同时航向也局限于起飞或着陆方向,处于高阻力状态,此时机动余量小,改出高度又不够,飞机可用以加速的剩余推力也处于最低限,所以对于起飞、着陆的飞机来说,遭遇风切变是非常危险的。飞机下滑着陆或起飞爬升时,一旦进入强切变区,飞行操纵就会受到明显影响,严重时甚至可能发生事故,影响的程度取决于风切变的强度和飞机的高度。

低空风切变对飞机起飞和着陆的影响的表现形式有遭遇顺风切变和逆风切变。起飞时在跑道上遭遇逆风切变,此时,飞机升力增大,有利爬升,风切变对飞行影响较小。起飞时在跑道上遭遇顺风切变,顺风增大的风切变延长滑跑距离和起飞距离,损害越障能力。由于空速达不到预定值，等待增空速会延迟抬前轮。即使拉杆，因空速小，飞机抬头慢，延迟离地。

图 3.13 所示为一次风切变起飞事故征候分析。飞机在距跑道起点大约 6 000 ft 处开始加速起飞，在逆风减小前加速正常。在滑跑至距跑道起点约 4 000 ft 处仍为稳定的逆风，此时飞行员按照预定的抬前轮空速 V_R，提前开始抬前轮。但就在这时遇到风切变，空速下降，机头下俯，滑跑距离显著增加。飞机在最后离跑道起点大约 2 000 ft 的地方达到 V_2，随后顺风继续增大，阻碍空速的进一步增大。飞机最终在距跑道头 1 000 ft 处离地，但高度很低，在跑道头以外 900 ft 处碰到一个 20 ft 高的障碍物。这个事例说明，起飞在跑道上遇到顺风增大的风切变会大大增长起飞滑跑距离和起飞距离，从而严重损害飞机的中断起飞和越障能力。①

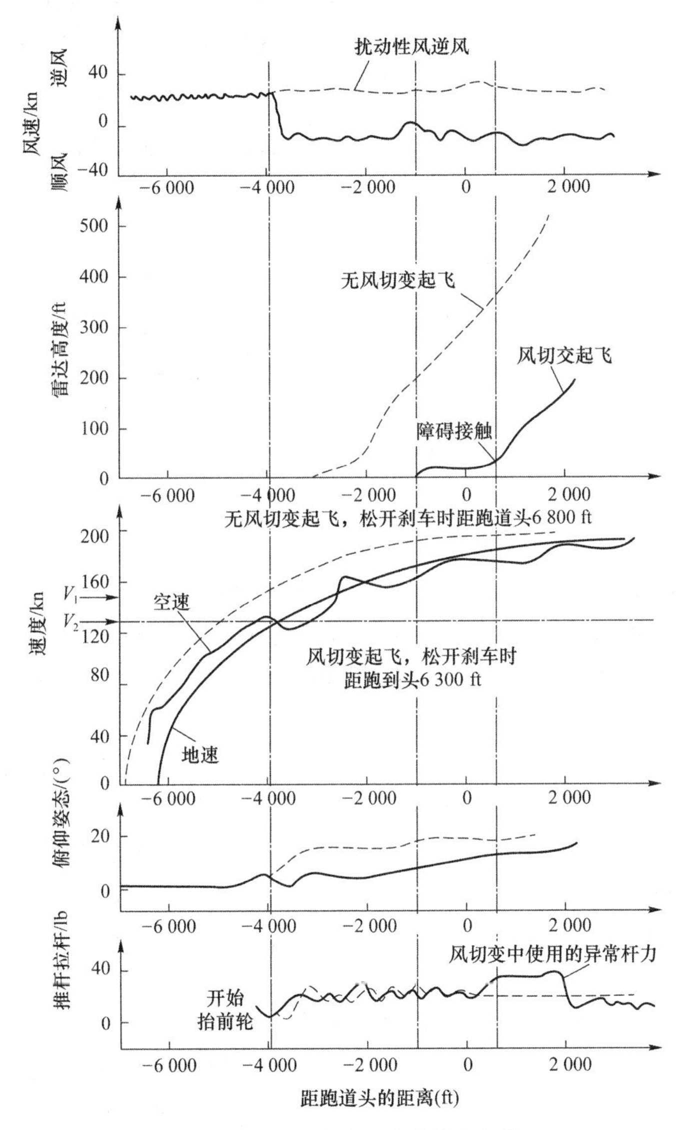

图 3.13　风切变的一次事故征候①

① 本页文中和图中的英制单位换算关系如下：
1 ft=0.304 8 m，1 kn=0.514 m/s，1 lb=0.454 kg。

顺风增大的风切变延长滑跑距离和起飞距离，严重妨碍飞机的中断起飞。在顺风增大的风切变中，空速达到决断速度 V_1 时地速已大大超过 V_1，如中断起飞将冲出跑道，当空速接近 V_1 时如遭遇风切变，飞行员进退两难。

图 3.14 所示，为起飞滑跑遭遇顺风切变情况示意。飞机滑跑距离取决于地速(GS)，由于风切变，飞机滑跑速度达到 V_1($GS=V_1$)时，空速(AS)并没有达到 V_1。风切变使空速增加缓慢，甚至不增加，要起飞就会遇到前述事例的困难。首先，因空速迟迟达不到预定的 V_R，驾驶员等待空速增加，因而会延迟抬前轮。其次，若飞行员按正常拉杆，因空速小，舵面上的空气动力小，飞机抬头慢，也会延迟离地。可是这时的地速却比正常大得多，故跑道长度很快用掉，结果到跑道头才不得不多拉杆离地。若要中断起飞，情况同样困难，因为空速到 V_1 时地速已大大超过 V_1；飞机在跑道上的位置也已大大超过正常 V_1 距离，显然冲出跑道将很难避免。

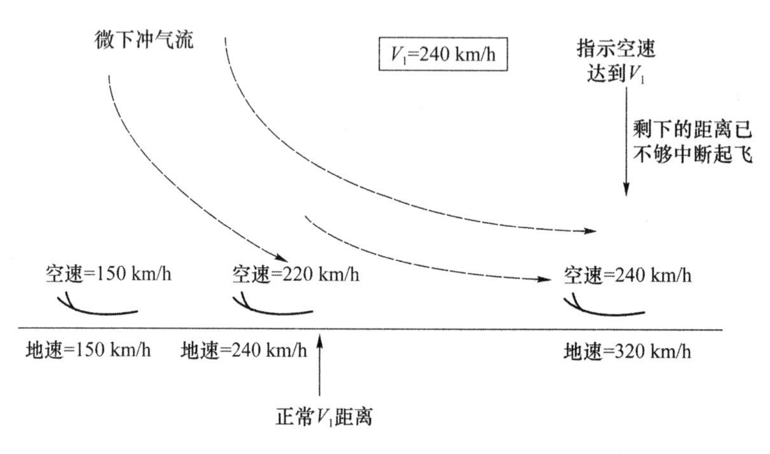

图 3.14 起飞滑跑时遭遇顺风切变

起飞离地后遭遇顺风切变，起飞离地后，顺风切变使空速下降、升力减小，飞行轨迹向下弯曲，同时机头下俯，升力进一步减少，最终可能坠地。图 3.15 所示为一次起飞离地后顺风切变事故案例，飞机离地后 23 s 触地。

进近/着陆时遭遇顺风切变的情况。当飞机沿着陆下滑道进入顺风切变区时，指示风速减小，升力也减小(假定迎角不变)，飞机不能保持速度降至正常下滑线以下，如图 3.16 所示。如果风切变层相对于跑道的高度较高，飞行员拉起机头，增大迎角或迅速加大油门增速，则有可能从风切变中改出，恢复到正常下滑线，完成着陆。如果风切变层相对于跑道的高度较低，飞行员加大油门重新获得速度时，推力过大，不能减缓，使机头上仰、下滑角过小，造成着陆速度过大，导致滑跑距离过长，甚至冲出跑道。如果风切变层相对于跑道的高度更低，原来的逆风迅速消失，升力显著下降，飞行员来不及作修正改出，未到跑道就已触地造成事故。

进近/着陆时遭遇逆风切变，如图 3.17 所示，进近着陆遭遇逆风增大，图 3.18 所示为进近着陆遭遇顺风减小，都属于逆风切变。当飞机沿着下滑道进入逆风切变区时(例如从顺风区进入无风区时，指示风速增大，升力增加，机头上抬，飞机上升到正常下滑线以上。如果风切变层相对于跑道的高度较高，飞行员可及时收油门，利用侧滑或蹬碎舵的方法来增大阻力，使飞机的空速迅速回落，并推杆回到预定下滑线以下，然后再带杆和补油门，回到正常下滑线下滑，完成着陆。如果风切变层相对于跑道的高度较低，飞行员修正量过大，使飞机下降到下滑线以下，由于此时离地很近，再作修正动作已来不及，飞机未到跑道头可能就触地。如果风切变层相对于跑道的高度更低，飞行员来不及进行修正接近跑道，由于着陆速度过大，滑跑距离增加，飞机有可能冲出跑道。

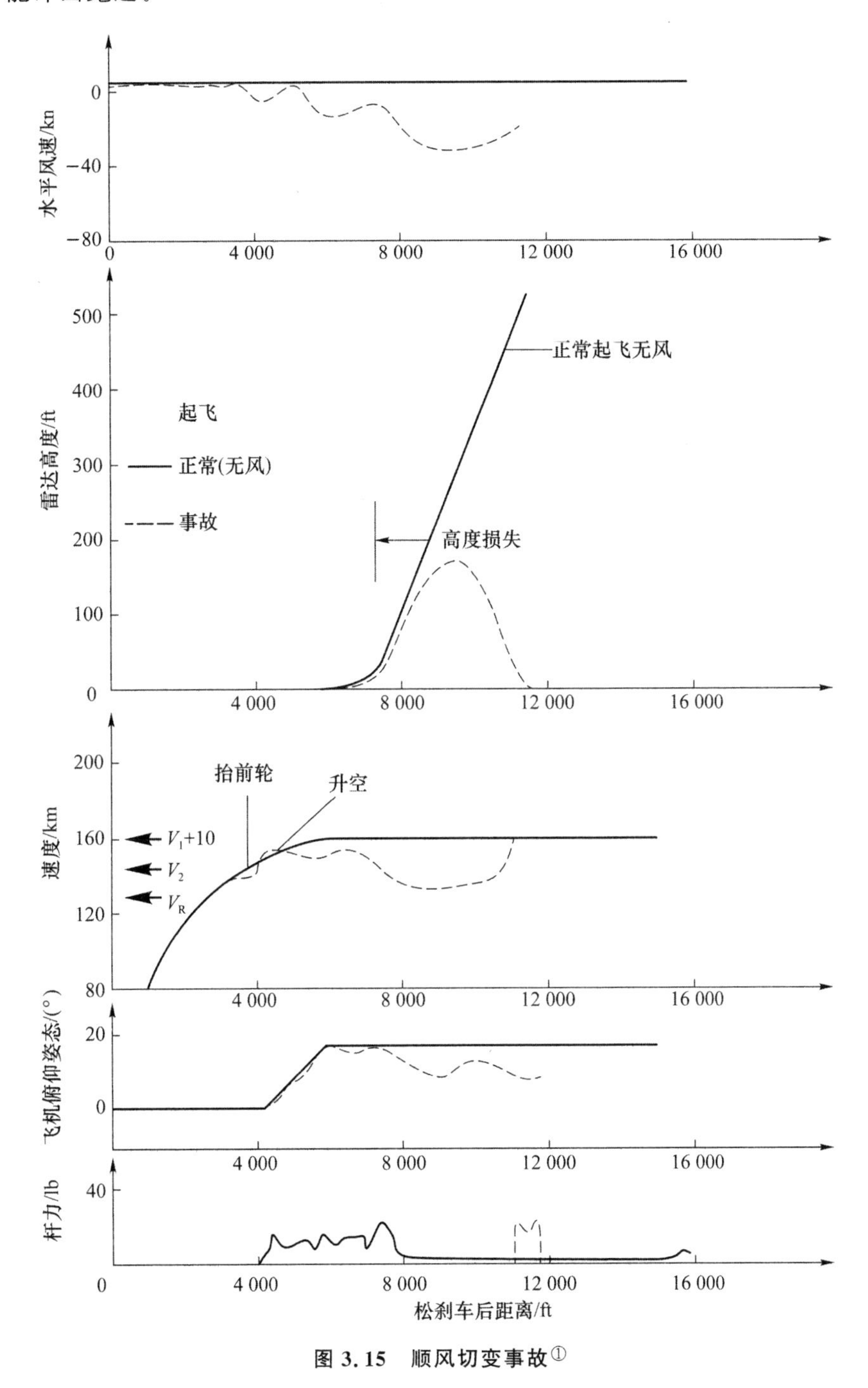

图 3.15　顺风切变事故[①]

① 图中的所有单位均为英制单位，换算关系同第 51 页。

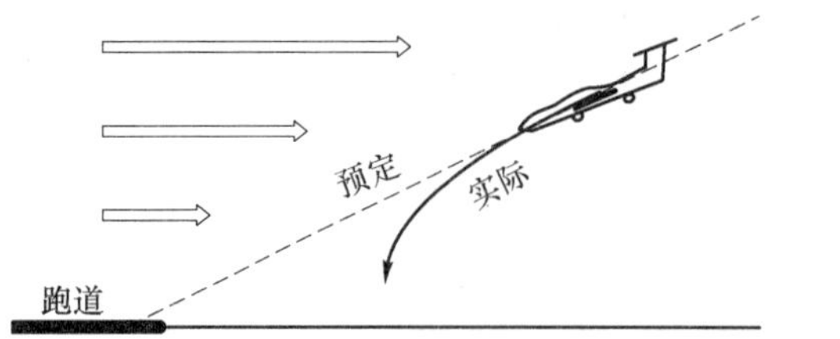

图 3.16　进近/着陆时顺风切变轨迹

图 3.17　进近/着陆时遭遇逆风增大

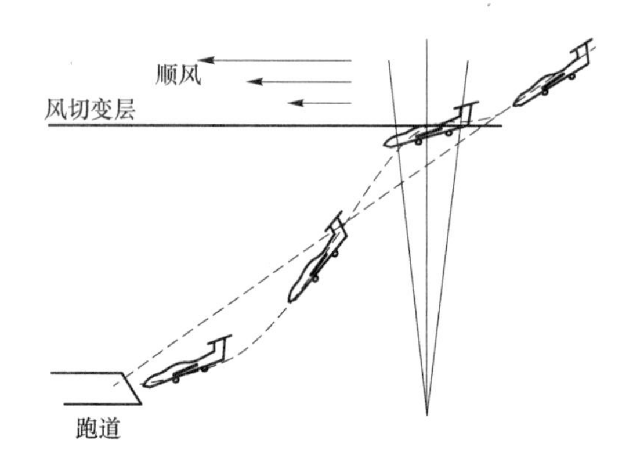

图 3.18　进近/着陆时遭遇顺风减小

垂直风切变主要表现为强烈的下击暴流、强烈低空风切变，极易造成飞行事故。

当飞机在飞行过程中遇到升降气流时，飞机的升力会发生明显变化，从而使飞行高度产生变化。垂直气流切变对飞机着陆的影响主要是对飞机的高度、空速、俯仰姿态和杆力的影响，尤其是下曳气流对飞机着陆危害极大。飞机在雷暴云下进近着陆时，常可能遇到下击暴流，此时飞机的可用爬升率小，离地高度低，容易酿成重大飞行事故。

图 3.19 所示为飞机进近着陆遭遇下击暴流情况。下击暴流对飞机进近着陆造成的危害极大，除了它的尺度小、生命期短，不易探测和预报外，主要是因为它有强烈的下击暴流和外泻引起的强烈低空风切变。研究表明，在假定的相同的下击暴流中，其对起飞造成的危险比对着陆更大。

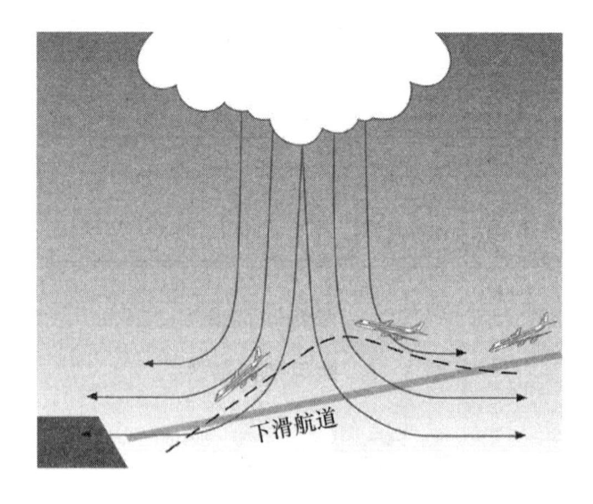

图 3.19　进近着陆遭遇下击暴流

进近和着陆时遭遇风切变的危害可通过1975年6月27日一架波音727飞机在肯尼迪国际机场空难事例来加以说明。图3.20所示是该事故的飞行轨迹和风场重构图。当事飞机在进近中遇到了一场雷暴诱发的第三个微下冲气流单体，该微下冲气流的强外流，由于受到海风锋的影响而变得不对称。在离地约500 ft(40 s)处，由于受逆风增大和下降气流减小的影响，飞行轨迹有一段向上偏离预定下滑线。但紧接着，大约在400 ft高度(55 s)处逆风速度由17 kn迅速减到4 kn；而与此同时垂直风速则由5 ft/s的上升气流迅速变为21 ft/s的下降气流，飞机很快降到预定下滑线以下，最后在距跑道头2 000 ft处坠地。飞行轨迹向下弯曲是由两个因素造成的，逆风减小和下降气流增大。逆风突然减小，造成空速损失；下降气流突然增大，造成迎角减小。两个因素都使升力减小，飞行轨迹相应迅速下弯，偏离下滑道并最终在跑道外触地，这是事故的基本原因。①

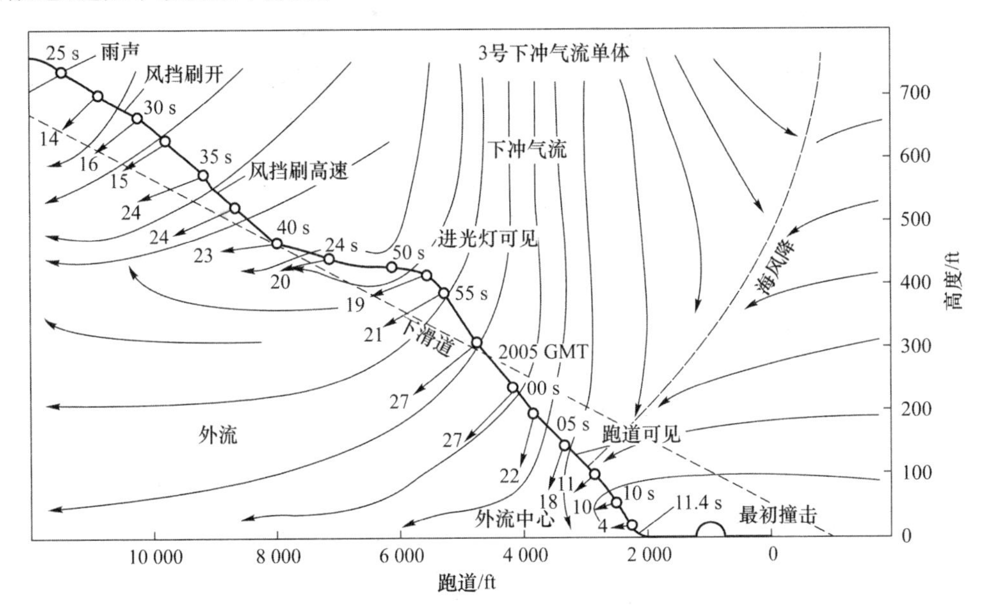

图3.20 进近着陆遭遇风切变示例

低空风切变的综合影响如图3.21所示。

当飞机沿着陆下滑道进入顺风切变区时，指示风速减小(减小的值等于原逆风风速值)，升力也减小(假定迎角不变)，从而使飞机不能保持速度而下掉，降至正常下滑线以下。这时，如果风切变层相对于跑道的高度较高，飞行员拉起机头，增大迎角或迅速加大油门增速，则有可能从风切变中改出，恢复到正常下滑线，完成着陆。

当飞机沿着下滑道进入逆风切变区时(例如从顺风区进入无风区时，指示风速增大，升力增加，机头上抬，飞机上升到正常下滑线以上。若风切变层相对于跑道的高度较高，飞行员可及时收油门，利用侧滑或蹬碎舵方法来增大阻力，使飞机的空速迅速回落，并推杆回到预定下滑线以下，然后再带杆和补油门，回到正常下滑线下滑，完成着陆。

飞机在下滑时遭遇侧风切变时，除会产生前述两种情况下的问题，还会使飞机偏离跑道，

① 本页文中和图中的水平风速单位为kn(海里/小时)，垂直风速为ft/s(英尺/秒)。英制单位换算关系如下：1 kn/0.514 m/s，1 ft=0.304 8 m。

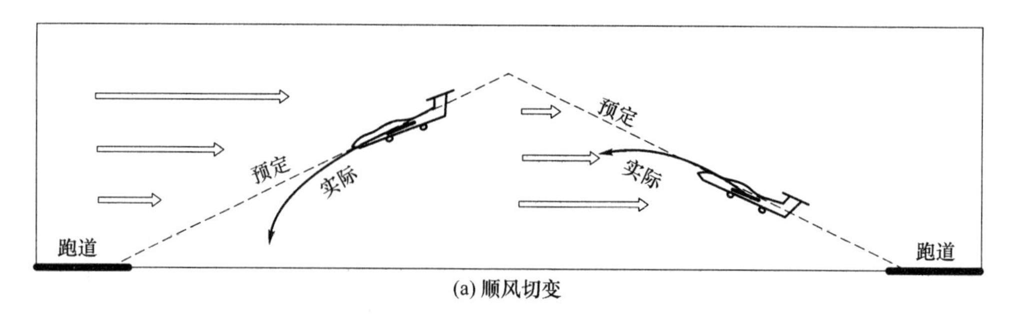

(a) 顺风切变

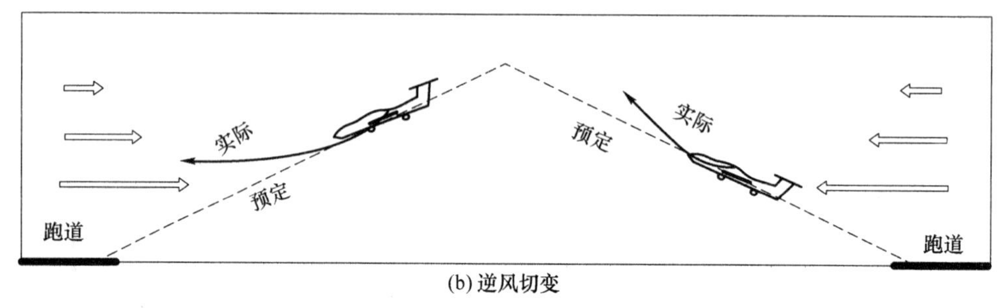

(b) 逆风切变

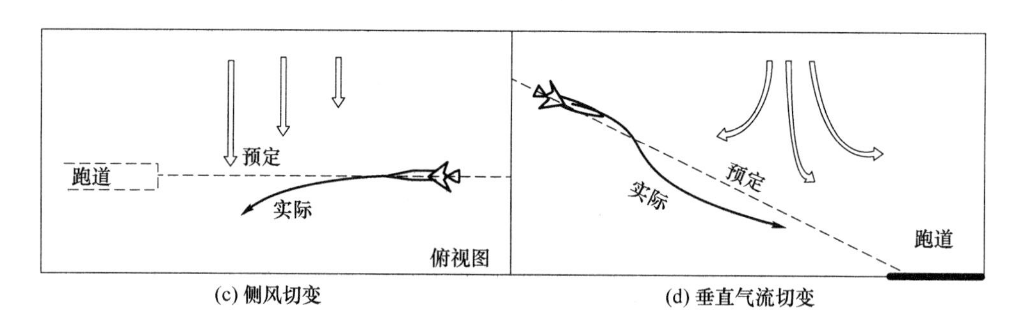

(c) 侧风切变　　(d) 垂直气流切变

图 3.21　低空风切变的影响

带坡度，产生侧滑，情况更为复杂。飞行员要及时进行综合修正。如果侧风切变层的高度较低，飞行员来不及修正时，飞机会带坡度和偏流接地，影响着陆滑跑方向。侧风切变对起飞的影响与着陆类似。飞行员要及时进行综合修正，以防飞机产生侧滑、偏转或滚转。

当飞机在飞行过程中遇到升降气流时，飞机的升力会发生明显变化，从而使飞行高度产生变化。垂直气流切变对飞机着陆的影响主要是对飞机的高度、空速、俯仰姿态和杆力的影响。尤其是下曳气流对飞机着陆危害极大，而且飞机在雷暴云下进近着陆时，常可遇到下击暴流，此时飞机的可用爬升率小，离地高度低，从而酿成重大飞行事故。

(4) 风切变导致的飞行事故案例

1985 年 8 月达美航空 191 号班机空难就是典型的低空风切变造成的飞行空难，空难风切变及飞行轨迹如图 3.22 所示。

3. 风切变的判别与改出技术

(1) 风切变判别方法

风切变的判别方法有目视判别、飞机仪表判别、机载专用设备探测和地面探测。

一旦前方出现低空风切变，常有可见征兆，例如雷暴冷性外流前缘，强劲的气流会把地面

图3.22　达美航空191号班机空难示意

的尘土吹起相当的高度，并随气流移动。目视判别方法比较直观、简便，但有很大的局限性，它只给人们提供粗略的形态特征，缺乏确切的定量概念，只能识别严重的风切变。

飞机的起飞、降落飞行都有预定的相应飞行程序和标准航迹，飞行员比较熟悉所驾驶的飞机在起飞、着陆过程中，驾驶舱各种仪表示度所应具有的正常变化范围。飞机一旦遭遇风切变，有关仪表会出现异常指示。空中机组判别严重风切变遭遇的标准是：±27.8 km/h(15kn)以上的指示空速变化、±2.54 m/s(500 ft/min)以上的垂直速度变化、和±5°以上的俯仰姿态变化、起飞中还应加上高度表发生异常停顿或悬持、进近中则应再加±1个点以上的下滑道偏移量或某一时期明显出现异常油门位置。要充分利用这些判据及时识别严重风切变。首先，要求机组密切协作，科学分工。在工作负荷重或紧张的情况下，驾驶员的视域变窄，此时不驾驶飞机的飞行员要严密监视有关仪表并及时通报就变得非常重要了。另一方面，要注意日常的飞行技术对风切变的识别有显著影响。起飞中使用推荐的姿态控制技术，进近时保持下滑道飞行，最易察觉空速的变化，从而有利于及时识别风切变。但若严格地保持预定空速飞行，则会掩盖速度的变化，不利于风切变的识别和改出。要特别注意，遭遇复杂下击暴流时，往往是先遇逆风，使空速增加，紧接着就是顺风使空速迅速减小，而真正的危险发生在空速迅速下降的时刻，所以不应被短时的增速所迷惑。

目前，机载风切变探测设备主要有三种类型：反应式风切变警报系统、预报式风切变警报系统和机载红外辐射计系统。反应式风切变警报系统遇到严重风切变时，在5 s内发出警报，缺点是时间滞后，可能来不及改出。预报式风切变警报系统机载X波段脉冲多普勒雷达，能在飞机遭遇风切变之前15 s左右发出风切变警报，并将微下击暴流显示在机载雷达屏幕上。机载红外辐射计系统比较前方20 km和侧方200 m内的温差来判断下击暴流。

地面探测设备包括低空风切变警报系统、机场多普勒气象雷达、脉冲多普勒气象雷达和集成式低空风切变业务警报系统。

(2) 风切变改出技术

遭遇风切变时，常用以下技术或措施控制飞行：使用必要的推力、控制俯仰姿态、注重抖杆器和保持飞机构型。

假如飞机的加速度能跟上风速的变化，那么许多风切变事故也就不会发生了。因此，风切变问题归根结底是个能量管理问题。当判明遇到严重风切变时，首先就要调整油门，使用必要的推力（通常是最大额定推力）以尽可能增强飞机的加速能力。当然，除非防止触地所必需，应避免超过发动机限制。一旦安全有了保障，还应及时调节推力，以减轻发动机负荷。在怀疑进近有风切变时，可接通自动油门，使机组有更多精力注意风切变迹象。但改出时则要断开自动油门，因为自动油门伺服机构前移同人工前推油门杆相比要慢些，这会影响迅速获得推力。控制俯仰姿态，保持抬头趋势减小高度损失，尽力阻止飞行轨迹进一步下弯。允许短时间的小速度飞行，着力于飞行轨迹控制。应该用抖杆器启动作为俯仰姿态的上限，因为这说明飞机已接近失速。遇严重风切变时，抖杆有可能发生在仰角低于15°的情况。此时改出操纵要服从抖杆器，适当减小姿态，待抖杆停止，再逐渐增大仰角到15°，必要时可使抖杆器间断地工作。

改出风切变过程中，不要收襟翼和起落架，应保持飞机构型。因为这不但分散了机组注意力，而且小速度下，收襟翼会使飞机失速速度增大，因而会减小抖杆裕量，对改出不利。

3.3.3 大气紊流与飞行安全

飞机在飞行中遇到扰动气流时，将受到不均匀的空气动力冲击，造成飞机左右摇晃、前后颠顿、上下抛掷以及局部振颤等现象，使得飞机操纵困难、仪表不准，此即飞机颠簸。大气中的湍流是引起飞机颠簸的主要原因，只有当大气湍流的尺度与飞机尺度相近时，才容易引起飞机升力和迎角的显著变化，造成飞机颠簸。

1. 大气紊流

大气紊流（或称湍流）是指大气中空气紊乱流动的现象。大大小小的旋涡和不规则的波动交织在一起，使得大气中某一区域中任一点的风向、风速呈现随机的变化。各种尺度的空气涡旋运动，表现为速度场的时间不规则性和空间不均匀性，形成大气紊流。飞机在这样的区域内飞行就会产生飞行颠簸。强烈的大气紊流是过去许多严重事故的重要原因。强度不太大的紊流、突风也可能造成人员伤亡的一般事故。

大气紊流的形成原因是多种多样的，近地面风与地表摩擦，造成风速在垂直方向上存在梯度，形成大气边界层，会产生紊流。大气的锋区附近，由于温度和风速的水平差异巨大，会产生紊流。逆温层、对流层顶及其他性质的大气界面的波动，由于失去了稳定性，也会产生紊流。地表受热不均、引起空气不规则流动，甚至气流流过建筑物，飞机飞过留下的尾迹，都会造成紊流。

飞行相关的主要紊流现象有雷暴紊流、高空紊流和山地紊流。雷暴紊流是雷暴云造成极强的对流运动，典型的垂直速度30～40 m/s，最大达到63 m/s。高空急流紊流是经常碰到的晴空紊流，发生在对流层顶附近，能给飞机造成大的过载。而且由于没有云伴随，难于发现，具有很大的突然性，常会使乘员受伤，甚至导致飞机失去控制。晴空紊流发生在6 km以上的高空。山地紊流，当13 m/s以上的风在±30°的范围内垂直吹过山脊时，迎风面气流上升，背风面气流下降，再加上大气又比较稳定，就很可能引起山岳波。山岳波通常伴有紊流，有时这种紊流还非常强。

发生大气紊流时，紊流区空间尺度明显的间断性，呈“片块”状，导致颠簸具有突发性。飞行测量表明，颠簸发生的频繁程度与飞行高度有关。在对流层的下部（0～2 km）飞机遇到大气紊流最为频繁；在对流层中部（2～6 km）紊流较少；对流层上部（6～10 km）颠簸的可能性增加。在8～12 km高度上，飞行颠簸的时间可达5%～20%。高度再增加，紊流发生的频率迅速减小。大气紊流发生频率与季节相关，夏季最频繁，是冬天的 3 倍以上。大气紊流发生与地理位置关系大，北纬 15°～45°频繁，山区上空高于平原。

2. 大气紊流对飞机的作用

飞机颠簸除了与湍流涡旋尺度有关外，还与湍流涡旋的频率有关。湍流涡旋对飞机的作用，对飞行中的飞机来说是经受一种方向和强度均有明显变化的阵性风。这种阵风可分别按水平阵风和垂直阵性气流来讨论。将平行于航迹方向的突风称为航向突风，垂直于航迹且平行于飞机对称面的突风称为垂直突风，垂直于对称面的称为侧向突风。

(1) 突风作用

航向突风平行于航迹方向，主要改变空速，引起过载变化。

假设飞机空速为 V，突风为 u(逆风为正)。过载系数是指飞机的升力 Y 和重力 G 之比表示飞机承受到的外力的相对大小。

$$n=\frac{Y}{G}$$

$$\Delta n=\frac{\Delta Y}{G}=\frac{\frac{C_y}{2}\rho(V+u)^2S-\frac{C_y}{2}\rho V^2S}{C_y\rho V^2S}=\frac{2u}{V}+\frac{U^2}{V^2}$$

$$\Delta n\approx\frac{2u}{V}$$

可以得出以下结论：载荷因数变量与逆风风速成正比，与飞机的原空速成反比。因此，小速度飞行时受航向突风影响较大。

垂直突风对称面内垂直于航迹，垂直突风主要改变飞机的迎角，受力分析如图 3.23 所示。以速度为 w 的垂直突风为例(向上为正)，迎角变化为

$$\Delta\alpha\approx\frac{w}{V}$$

升力机过载变化分别为

$$\Delta Y=a\Delta\alpha\ \frac{1}{2}\rho V^2S=\frac{1}{2}a\rho SVw$$

$$\Delta n=\frac{\Delta Y}{G}=\frac{a\rho V}{2G/S}$$

式中，G/S 为翼载荷，a 为升力系数曲线斜率$\frac{\delta C_y}{\delta\alpha}$。

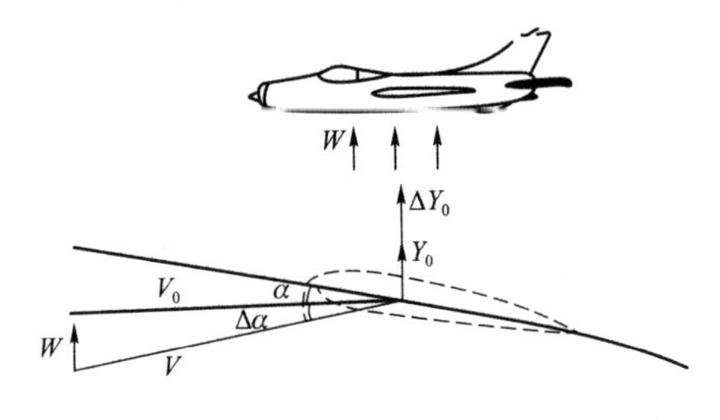

图 3.23　垂直阵性气流引起迎角改变

垂直阵性气流使升力急剧变化，造成飞机处于忽升忽降的颠覆状态。一旦两机翼所受的

垂直阵性气流的大小和方向不一致时，产生的力矩还会使飞机产生摇晃。当作用时间短促而频繁时，则可造成飞机抖动。

从分析得出，迎角和过载变化与垂直风速成正比，过载变化与飞机的原空速成正比，迎角变化与飞机的原空速成反比，大速度飞行时过载受垂直突风影响较大，小速度飞行时迎角受垂直突风影响较大。

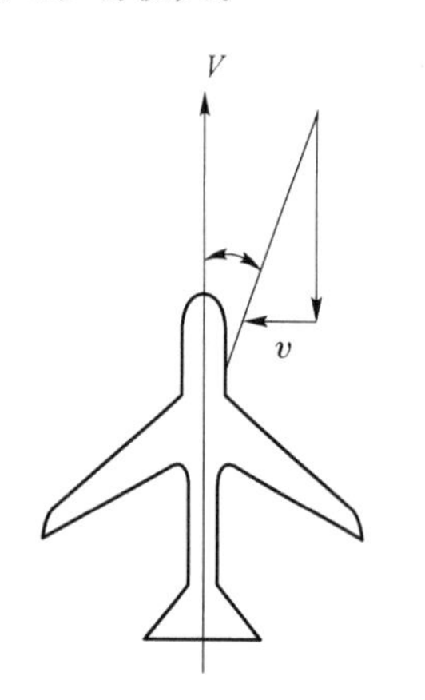

图 3.24　侧向气流引起飞机侧滑

侧向突风垂直于对称面，受力分析如图 3.24 所示，计算方法与垂直突风对机翼载荷的影响相似。

分析表明，侧向突风主要影响垂尾载荷，右侧滑角产生使飞机向右偏航、向左滚转的力矩。因此垂尾的强度设计要考虑侧向突风载荷的影响。

（2）飞机颠簸

飞机飞行中突然出现的忽上忽下，左右摇晃及机身振颤等现象，称为颠簸，图 3.25 所示为某型飞机颠簸时的飞行性能的变化。颠簸强烈时，1 min 内飞机上下抛掷十几次，高度变化数十米，空速变化可达 40 km/h 以上。因为湍流引起飞机不规则运动的时间尺度很小，所以很难用正常的操纵方法加以克服。颠簸特别严重时，飞机的结构会遭到破坏。各种频率的突风扰动可能同时存在，诱发共振现象。

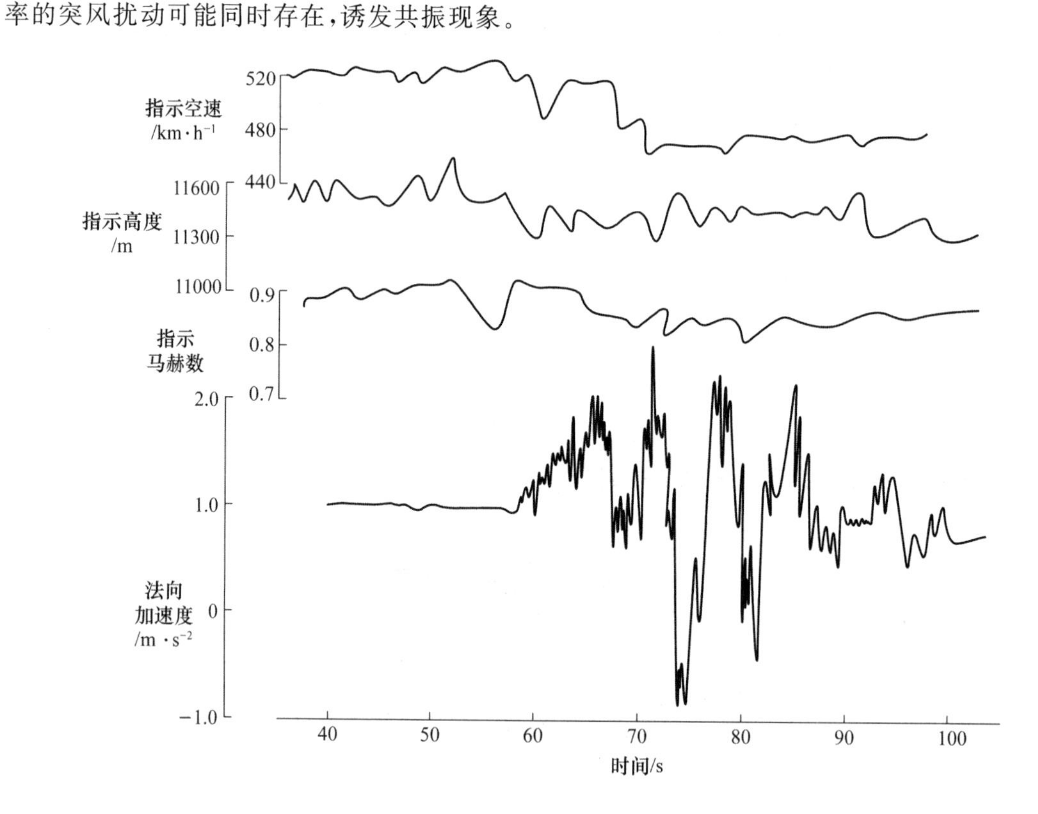

图 3.25　遇到雷暴时的飞行记录（波音 707）

图 3.26 所示为某飞机遭遇强突风的加速度数据变化，可以看出，在遭遇强突风时飞机发

生颠簸，飞机加速度计的数据变化剧烈。颠簸强度与湍流强度及其不均匀性、飞行速度、翼载荷有关。根据由垂直阵性气流产生的飞机过载的变化可以划分颠簸强度等级，Δn 越大，飞机颠簸越强，Δn 可由飞机加速度表测出。国际民航组织航空委员会规定的以 Δn 的大小划分的飞机颠簸强度等级及其影响如表 3.7 所列。

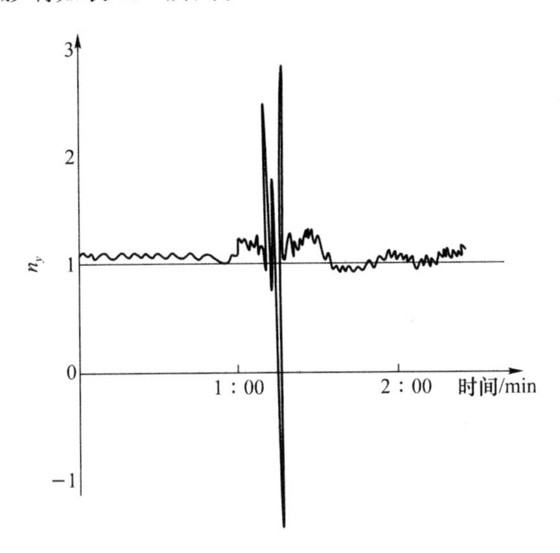

图 3.26　遇到离散强突风的飞行记录(波音 727)

表 3.7　飞机颠簸强度等级

强　度	飞机状态变化	机舱中的反应	阵风风速/(m・s⁻¹)
弱	飞机姿态短暂变动，轻微抛掷，航向稍有摆动。或者飞机没有显著高度变化或偏航情况下有轻微的脉动	乘员感到安全带或肩带稍稍拉紧，未固定物品仍保持不动，饮食照常，步行无困难	1.5～6.1 (5～20 ft/s)
中	与弱颠簸类似，但强度增强，飞行姿态、飞行高度及航向均有变化，但飞机保持无反向操纵；或飞机在有显著高度变化、滚转及偏航情况下，出现急剧抛掷或冲击	乘员感到安全带绷紧，未固定的物品发生移动，进食和步行困难	6.1～10.7 (20～35 ft/s)
强	飞机姿态、飞行高度及航向均有变化，引起的指示空速变化大，短时内飞机失去操纵	乘员被迫系紧和一再抓住安全带和肩带，未固定物品颤动不已，进食及步行已无法进行	10.7～15.2 (35～50 ft/s)
极强	飞机被急剧地、频繁地上抛下掷，事实上已无法操纵，可能造成飞机结构的损坏		>15.2 (>50 ft/s)

3. 大气紊流对飞行安全的影响

大气紊流对飞行安全产生严重的威胁。强烈的大气紊流是过去许多严重事故的重要原因。强度不太大的紊流、突风也可能造成人员伤亡的。在各类大气紊流中，雷暴紊流造成的飞行事故最多，其次是晴空紊流(主要是高空急流)，再则是山地紊流。严重紊流事故常表现为飞机失去控制和结构解体。许多此类事故是大气紊流与操纵不当相结合的结果。

在大气紊流中以大速度飞行容易使飞机结构受力过大而损坏，以小速度飞行又容易迎角增量过大，使迎角超过临界迎角而失速。因此，兼顾两个方面，选择一个适当的颠簸飞行速度，就成为安全飞越大气紊流区的首要问题。每架飞机的飞行手册都对颠簸飞行速度(或叫强阵风飞行速度、突风穿越速度)有明确要求，如图 3.27 所示。

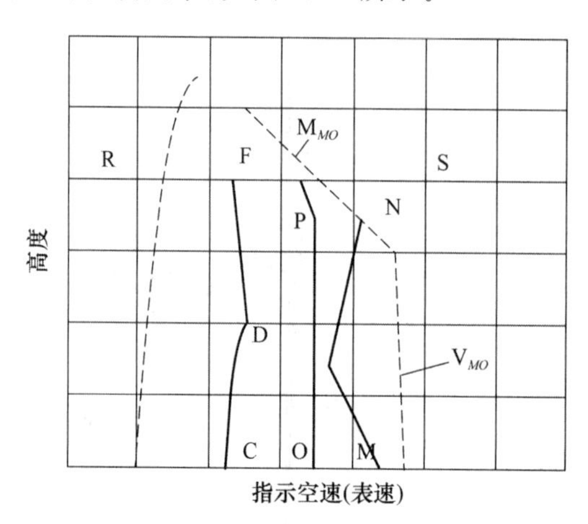

图 3.27　颠簸飞行速度的确定

图 3.27 所示，虚线所圈范围为平飞速度范围，CDF 线是设计突风下不同高度的失速速度。(设计突风，即设计最大垂直突风，是长期的观测值，一般不会超过以下范围：$H<6\ 000$ m 时 20 m/s、$H>6\ 000$ m 时 12 m/s)。MN 是设计突风风速下，飞机强度限制的最大飞行速度。由于不同高度受限制的项目不同，到高空还可能受到高速抖动的限制，故曲线有转折。在 CDF 线右边所有速度下，飞机能经受设计垂直突风而不致失速；在 MN 线左边的所有速度下，飞机足以抵抗设计垂直突风而不致损坏。所以，颠簸飞行速度应当介乎这两个速度之间，为操作简单，最好选定一个固定表速，OP 线可以说是较理想的位置。

飞机的速度包线受飞机重量影响，如图 3.28 所示。重量大时，失速速度增大，故强突风失速线 CDF 向右移，同时最大强度线 MN 则向左移，这是因为重量大，飞机能承受的过载(Δn_y)将减小，在同样的设计突风下，当然应减小飞行速度。虽然机动范围缩小了，但适当选择固定速度(OP 线)时颠簸飞行速度可以不作改变。重量大时，允许的颠簸飞行高度显著降低。

飞机发生颠簸时，飞行高度、速度以及飞行的姿态都会经常不断地发生不规则的变化。颠簸强烈时，飞机忽上忽下的高度变化常可达几十米以至几百米，这样就会给操纵飞机带来很大的困难。关于颠簸飞行的操纵，各型飞机的飞行手册中均有详细说明。颠簸飞行时注意事项有，控制速度在包线范围内。适当保持飞机姿态。保持机翼水平，滚转可能导致螺旋发散、飞机低头等。密切关注飞机的俯仰姿态，用升降舵柔和修正。注重仪表的姿态指示，避免错觉。允许高度合理波动，严重颠簸时局部压力场可能导致气压高度表误差 300 m，此时若仍严格保持高度则可能导致纵向发散，可适当允许高度在适当范围内波动。操纵柔和、坚定，猛操纵可能导致大过载或失速；动作勿迟缓、犹豫，宜及时、坚定。

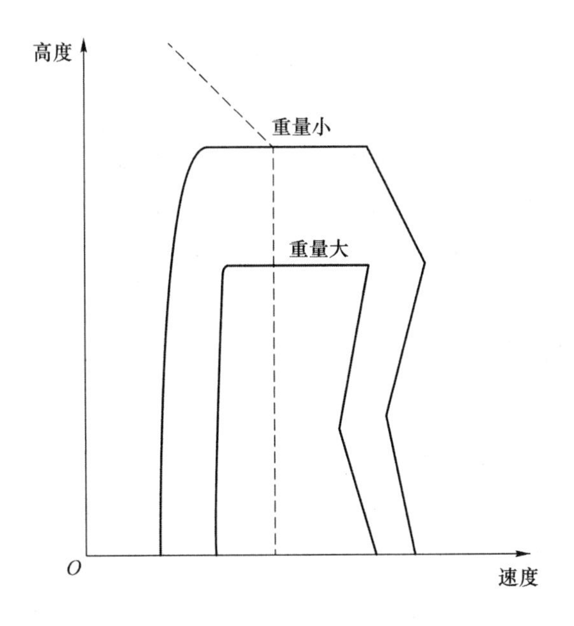

图3.28 重量对颠簸飞行影响

3.4 降水、积冰与飞行安全

3.4.1 降水与飞行

1. 定 义

降水指从云中降落至地面的水滴、冰晶、雪等的现象，包括雨、雪、冰雹等。降水常使能见度恶化，损失飞机的空气动力学性能，改变跑道状态，给飞行、起飞和着陆造成困难和危险。

2. 降水对飞行的影响

(1) 使能见度减小

降水使机舱风档能见度减低的程度，与降水种类、强度和飞行速度有关。

(2) 过冷却雨滴易造成飞机积冰

过冷却雨滴造成飞机结冰，机翼或发动机关键部位结冰将会严重影响飞行安全。

(3) 影响飞机发动机性能

喷气式飞机在雨中飞行，当雨量不大时，雨滴蒸发耗热，降低燃烧室温度，使增压比变大。但是雨量过大可能造成发动机熄火，尤其是着陆时低速飞行阶段。

(4) 大雨、暴雨下方易出现强下沉气流

飞机在着陆阶段，处于着陆外形、加速性能和上升性能较差的状态，此时高度较低，速度较小，若遇上云下降水引起的强下曳气流，飞行员难以操纵，严重时可造成事故。阵性降雨或雨夹雪常伴随风切变，则失速可能性因飞机空气动力性能降低而增长，致使飞机处在不能复飞的状态之中。

(5) 大雨恶化飞机的空气动力学性能

雨滴打击在机身上引起动量损失，使空速减小、飞机下沉，最大升力变化可10%～40%，使最大升力的迎角变小，减小量可达 3°～5°水膜波形等引起边界层增厚及高迎角分离，阻力和升力变化 5%～50%，失速速度增加 40 km/h。

(6) 降水影响跑道使用性能

降水影响跑道的使用，主要由跑道积雪、结冰和积水引起。跑道结冰时，冰层与飞机轮胎间的摩擦力很小，滑跑不易保持方向，容易冲出跑道。一般跑道有冰层时，禁止飞机起降。跑道积水时，飞机在一定速度下，轮胎与跑道面之间被一层水膜隔开，造成滑水现象，致使轮胎与跑道面间的摩擦力减小甚至消失，滑跑飞机易冲出或偏离跑道。

3.4.2 雷暴与飞行

1. 定　义

雷暴由对流旺盛的积雨云组成，伴有闪电、雷鸣、阵雨、大风，有时还出现冰雹、龙卷的中小尺度对流天气。雷暴在发展、成熟和消散阶段，对气流的影响都有所不同。

2. 雷暴对飞行的影响

雷暴引起云中强烈紊流，雷暴云中强烈湍流引起的飞机颠簸，是危及飞行安全的一个重要危险天气。导致飞机颠簸、操纵性能恶化。雷暴引起云中强烈风切变，引起飞机失速、偏离航迹。雷暴引起飞机积冰。雷暴导致飞机遭电击、遭雹击。

3.4.3 积冰与飞行

飞机积冰是指飞机机体表面某些部位聚积冰层的现象。飞机积冰会使飞机的空气动力性能变坏，使飞机的升力减小，阻力增大，影响飞机的安定性和操纵性。

1. 形　成

当飞机在云中飞行，机体碰到过冷水滴时，如果机体表面的温度低于 0°，过冷水滴就会在机体表面某些部位冻结并积聚起来，形成积冰云中过冷水滴或降水中的过冷雨滴碰到飞机机体后冻结。另一种情况是水汽直接在机体表面凝华。

2. 积冰类型

飞机积冰有多种，根据它们的结构、形状以及对飞行影响程度的不同，可分为明冰、雾凇和霜三种。

3. 积冰形状

积冰的形状取决于积冰的类型、飞行速度和气流绕过飞机不同部位的特征，有混合冰、楔形和槽形/双角形。

4. 积冰对飞行的影响

积冰会破坏飞机外形，空气动力性能就会变坏。使正面阻力增大，升力和推力减小，飞机重量增加，需用推力增大，操纵困难。

(1) 升力面积冰

积冰出现在机翼和尾翼前缘最多。积冰使翼型发生变形，破坏了空气绕过翼面的平滑流动，使升力减小，阻力增大，如图 3.29 所示，并使飞机的爬升速度减小，升限和最大飞行速度降低，燃料消耗增加，失速空速增大，机动性能和着陆性能变坏。积冰较多时，飞机的重心位置改变，安定性变差，可能产生上仰或下俯力矩。机翼上较厚的积冰部分脱落、部分残留时，会形成冰瘤。冰瘤使绕过机翼的气流性质发生变化，产生附加力，造成机翼和尾翼的外翼振动，使飞机的操纵复杂化。严重时，这种振动会破坏飞机的结构。

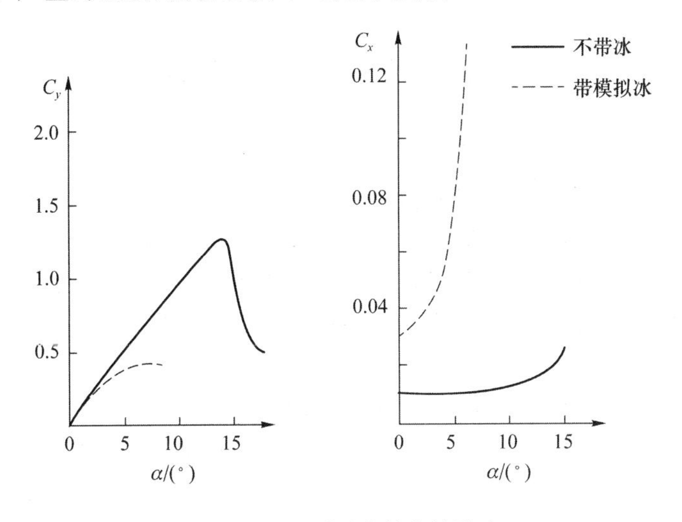

图 3.29　冰对升力性能的影响

2004 年 11 月 21 日由包头飞往上海的中国东方航空公司 MU5210 航班，一架庞巴迪 CRJ-200 飞机起飞后坠入机场附近南海公园的湖里，机上 53 人全部罹难。包头空难事故的直接原因是 11 月底包头夜间气温寒冷，飞机在机场停泊过夜机翼出现结冰，飞机清晨起飞前没有按照正常作业程序除冰。飞机起飞过程中，由于机翼污染使机翼失速临界迎角减小。当飞机刚刚离地后，在没有出现警告的情况下飞机失速，飞行员未能从失速状态中改出，直至飞机坠毁。①

(2) 发动机积冰

喷气发动机积冰，常出现在进气口边缘、前壳体支柱、压缩机整流罩、导流叶片等部位。由于积冰使进气截面减小，发动机进气量和推力均减小。进气口边缘的积冰破裂后，脱落的冰块会随气流进入发动机，打坏内部机件，如果突然进入发动机的冰块过多则可能导致熄火。

(3) 螺旋桨积冰

活塞式飞机和涡轮螺旋桨飞机桨叶上的积冰，一般最先出现在桨毂上，由桨毂至桨叶叶尖，积冰逐渐减少。螺旋桨上的积冰是不均匀的。螺旋桨积冰后，流过桨叶的气流变得比较紊乱，使拉力减小。同时，由于桨叶积冰不均匀，螺旋桨的重量和空气动力的平衡遭到破坏，引起发动机抖动。桨叶上脱落的冰块，还可能损坏飞机蒙皮、座舱玻璃以及其他部件。

(4) 风挡积冰

风挡积冰影响目视飞行，特别是在飞机起飞着陆阶段。

(5) 天线积冰

天线积冰有可能使无线电通信中断。天线积冰还可能使无线电罗盘失效，这对于在复杂气象条件下飞机的飞行来说，也是很危险的。

---

① 《中国东方航空云南公司包头“11·21”特别重大空难事故基本情况及处理结果》，2006 年 12 月 21 日。http://mem.gov.cn/gk/sgcc/tbzdsgdcbg/2006(中华人民共和国应急管理部特别重大事故调查报告。)

（6）空速管积冰

空速管和静压孔积了冰，空速表、气压高度表以及升降速度表等一些重要驾驶仪表的示度会失真，甚至完全失效。

3.5　最低气象条件

最低气象条件指允许飞行的最低能见度、最大风速、最大降水量等。最低气象条件的确定，一般依据机场条件、机种（型）、昼间与夜间、飞行员的驾驶技术，飞行任务的性质等情况决定的，不同的情况有不同的最低气象条件。最低气象条件通常包含机场最低气象条件、飞机最低气象条件和机长（飞行员）最低气象条件。由于各机场的净空条件、导航设备、跑道等不同，允许飞行的最低气象条件也不同。周围多山的机场净空条件差，最低气象条件就高，而平原地区的机场净空条件好，最低气象条件就低。同一机场，机种（型）不同，最低气象条件也不同，表3.8所列，统计了几种类型飞机的最低气象条件，运输机的最低气象条件比歼击机低。同一机场，同一机种，因昼夜不同，机长（飞行员）驾驶技术不同，最低气象条件也不同。显然，昼间或驾驶技术好的最低气象条件可低一些，夜间或驾驶技术差的最低气象条件则高一些。飞行时应重视最低气象条件的变化，根据情况及时做出调整，确保飞行安全。

表3.8　不同类型飞机最低气象条件统计

飞机型别	最低气象条件										
	云			能见度/km		风　速/(m·s^{-1})					
	云量	云底高/m		昼	夜	昼			夜		
		昼	夜			0°逆风	45°侧风	90°侧风	0°逆风	45°侧风	90°侧风
喷气式运输机	8～10	200	300	2	3	20	16	12	18	12	8
螺旋桨式运输机	8～10	150	200	1	2	18	14	10	16	12	8
螺旋桨式水上飞机	8～10	150	200	2	3	10	7	5	8	6	4
中型及轻型直升机	8～10	100	150	1	2	14	—	—	14	—	—

本章思考题

1. 分析飞机进近着陆时遭遇逆风切变的情况及采取的措施。
2. 简述降水对飞行的影响。
3. 分析说明高温高原机场对飞机的起降的影响。

第4章 飞机适航性与飞行安全

4.1 民用飞机的适航性

4.1.1 适航性概述

1. 适航定义

适航性这个词的提出并不是出于理论或学术研究的需要,也不是出于设计、制造航空器的需要,而是出于为维护公众利益的民用航空立法的需要。早期航空科学技术不发达,事故频发,为此公众要求政府做出规定,以禁止不安全的航空器飞行。飞机只有适航性达标,才允许飞行,否则禁止飞行。

国外很多研究机构和组织都对适航性作了定义。随着航空科学技术的进步、民用航空的发展以及对航空安全认识的深入,适航性的概念也在不断发展。目前国内较为统一的说法是:"适航是航空器包括其部件及子系统整体性能和操纵特性在预期运行环境和使用限制下的安全性和物理完整性的一种品质。这种品质要求航空器应始终处于保持符合其型号设计和始终处于安全运行状态,以保证乘坐飞机出行或自驾飞机飞行的人们安全水平可接受。并且,这种品质可以通过适当的维修而持续地保持和改进(在给定的使用寿命周期内)。"

2. 适航三要素

在适航性的定义中,包含了三个要素,即安全状态、达到规定的要求和许用限制。安全状态指航空器整体、系统、部件的安全性,飞行过程正常,圆满完成飞行任务。达到规定的要求指航空器或其他任何部件都是根据一定的标准进行设计、制造和维修,使飞机能够飞行在安全状态下。许用限制指飞行器是设计用于一定的飞行包线和环境中。许用限制由外界环境和航空器的内在性质决定。外在环境包括大气、机场、航路、空管等环境,使用限制包括飞行速度、高度、重量、重心等限制。

3. 适航标准

适航管理部门为了保证民用航空安全,维护公众利益,促进航空事业的发展,为民用航空产品的设计、设计审查和批准等制定了相应的适航标准和管理要求。航空产品的设计人员通过计算、分析、试验等多种方法证明其设计符合相应的适航标准和管理要求。适航标准是为了保证民用航空器的适航性而制定的最低安全标准,不同类型的飞机有不同的适航标准。适航标准具有以下特点:

(1) 法规性

适航标准由政府管理部门或授权管理部门针对航空器的设计、制造、使用和维修的安全性控制而制定,适航标准多数以法律条文的格式编写,具有强制性,违者要承担法律责任。

(2) 务实性

适航标准多数以民用航空的实践,尤其是空难事故调查结果为背景。现行适航标准中除部分由早期适航标准沿用下来的条款之外，其他近二三十年来新增加的条款几乎无一例外地与空难事故有直接的联系。适航标准是在大量试验研究的基础之上制定。适航性标准所规定的符合性方法也是务实的。

（3）稳健性

由于适航标准关系到人的生命和财产的安全，因此制定时应采取审慎、稳健的态度。从某种意义上来说，适航标准只反映已被证实的、成熟的航空科学技术，而不反映最新的进展。例如1958年应力强度因子概念提出之后，断裂力学发展很快并得到广泛应用。然而直至20年之后，损伤容限评定方法才进入适航标准之中。对新颖或不同寻常的设计特点，或者制造中的新材料、新工艺、新技术，适航部门在未确实判明其对航空器适航性有何影响之前，一般持谨慎的态度。对新颖的设计，须发专用条件予以限制。对不同寻常的设计，须予以鉴定和批准。

（4）平衡性

适航标准强调飞机的安全性，但是同时也兼顾飞机的经济性。适航标准是最基本的、起码的安全标准，同时也是经济负担最轻的安全标准。民用航空器的安全性和经济性是互相影响的。如果片面追求经济性而安全得不到保障，飞机一旦失事将造成巨大的经济和生命财产的损失。如果不切实际、盲目追求安全性，超过必要的安全裕度，则不利于民用航空工业和营运业的发展。为此，必须兼顾安全性与经济性平衡。因此，适航标准又称为最低安全标准。这里“最低”有两层含义，一是表明该标准是基本的、起码的；二是表明该标准是经济负担最轻的。适航标准中处处都体现经济与安全的平衡。

4. 中国民用航空器航空法规体系

目前，美国的适航标准是联邦航空条例（FAR），我国参考美国的FAR制定了自己的民用航空法规CCAR，同时，建立了一套我国的民用航空器航空法规体系，如图4.1所示。我国民航法规体系组成包含以下几部分：

（1）《中华人民共和国民用航空法》

《中华人民共和国民用航空法》是由全国人民代表大会常务委员会批准通过的国家法律，是制定各项民航规章的依据。《中华人民共和国民用航空法》制定目的是为了维护国家的领空主权和民用航空权利，保障民用航空活动安全和有秩序地进行，保护民用航空活动当事人各方的合法权益，促进民用航空事业的发展，制定本法。

（2）《中华人民共和国民用航空器适航管理条例》

《中华人民共和国民用航空器适航管理条例》由国务院批准通过并发布，属国务院法规，是进行航空器适航管理依据。《中华人民共和国民用航空器适航管理条例》制定目的是为保障民用航空安全，维护公众利益，促进民用航空事业的发展。

（3）《中华人民共和国民用航空器国籍登记条例》

《中华人民共和国民用航空器国籍登记条例》由国务院批准通过并发布，属国务院法规，是进行航空器国籍登记的依据。《中华人民共和国民用航空器国籍登记条例》制定目的是为了加强对民用航空器国籍的管理，保障民用航空活动安全，维护民用航空活动秩序。

（4）《中华人民共和国民用航空规章》CCAR

中华人民共和国民用航空规章依据《中华人民共和国民用航空法》以及国务院有关条例，由民航局制定并发布。民用航空规章涉及各项民用航空活动，是专业性的、并具有法律强制效力的管理规章。

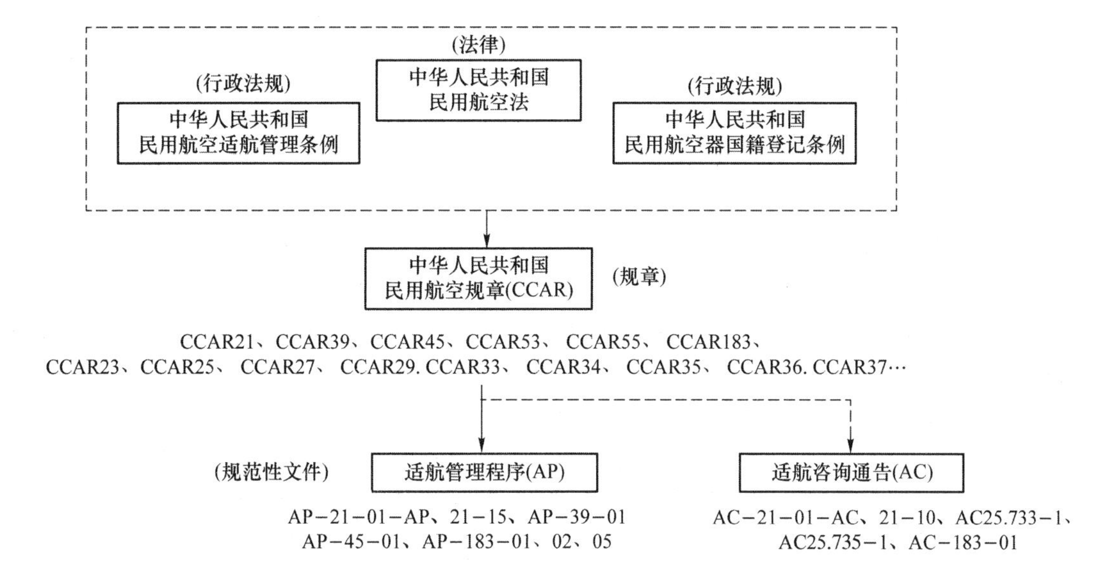

图 4.1　中国民用航空法规体系

中华人民共和国民用航空规章制定目的是为中华人民共和国境内的各项民用航空活动制定具体的规章要求,以符合《中华人民共和国民用航空法》的要求。

我国最早实行的民用航空规章为 CCAR－121 部《大型飞机公共航空运输承运人合格审定规则》,于 1995 年 5 月 5 日由国务院发布,同日起实施。此后,参照美国 FAA 的相关法规,结合我国的实际情况,先后建立了 CCAR－23、CCAR－25 等诸多航空规章。

(5) 相关的主要条例

a) CCAR－25:运输类飞机适航标准;

b) CCAR－33:航空发动机适航标准;

c) CCAR－37:民用航空材料、零部件和机载设备技术标准;

d) CCAR－39:民用航空器适航指令规定;

e) CCAR－45:民用航空器国籍登记规定;

f) CCAR－66:民用航空器维修人员合格审定的规定;

g) CCAR－145:民用航空器维修许可审定的规定。

(6) 对上述法律、法规的解释和实施细则

a) 适航管理程序(AP)。适航管理程序是适航管理规章(CCAR)的实施细则和具体管理程序。它是各级适航部门的工作人员从事适航管理工作时应遵守的规则,也是民用航空器设计、制造、使用和维修的单位或个人应遵守的规则。适航管理埋程序在目前情况下是适航管埋的必要补充,是强制执行的。

适航管理程序为适航管理规章制定了实施细则和具体管理程序,使规章的执行更具操作性,更规范。

b) 咨询通告(AC)。咨询通告(AC)是适航部门向公众公开的对适航管理工作的政策以及某些具有普遍性的技术问题的解释性、说明性和推荐性文件和指定性文件。由民航总局适航审定司司长批准并发布。咨询通告不是强制执行的。

c) 适航管理文件(AMD)。适航管理文件它是各级适航部门就某一具体技术问题或工作

与航空营运人、航空产品设计、制造人及有关部门进行工作联系时所使用的形式。

4.1.2 适航标准与飞机设计

1. 适航标准在飞机设计中的地位

适航标准由政府颁布、强制飞机设计制造商和使用部门执行,保证飞机设计和制造的安全水平,对飞机性能和飞行品质有重大影响。适航标准是安全飞行的最低保证,也是飞机设计、制造、试验和试飞的设计准则。从项目论证阶段开始,设计就必须遵循相应的适航标准,并将此作为型号合格审定的基础。不同国家、地区的适航标准不同。不同的飞机类型适用不同的适航标准。

适航是全寿命周期的管理活动,贯穿飞机的设计、制造、使用和维修全过程。影响飞行安全的因素包括设计、制造、使用和维修,飞行安全任务由各环节共同承担,各方皆负重要责任。上述因素中,设计是核心。为了保持飞机的适航性,必须做到完善的设计、优质的制造、良好的使用、有效的维修,如图 4.2 所示。

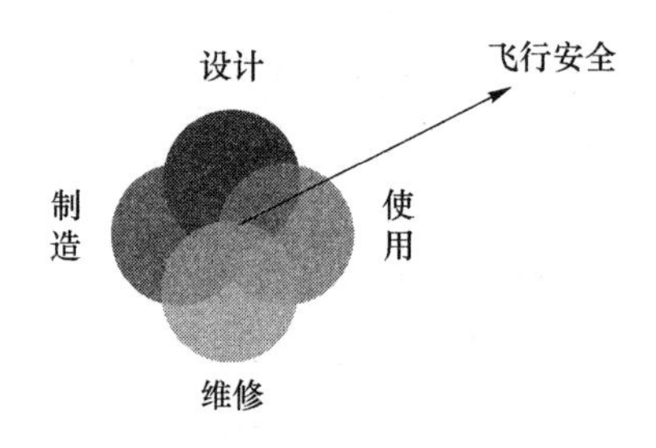

图 4.2 影响飞行安全的因素

2. 飞机设计有关的主要条例

与飞机设计相关的适航标准有《正常类、实用类、特技类和通勤类飞机适航标准》(CCAR-23)、《运输类飞机适航标准》(CCAR-25)、《一般类旋翼航空器适航标准》(CAR-27)、《运输类旋翼航空器适航标准》(CCAR-29)等。CCAR-25 运输类飞机适航标准是应用最广泛的一类标准,它由以下几部分组成:

A 分部　总则:标准所适用的航空器型号和类别信息。

B 分部　飞行:针对性能、操纵性、机动性和稳定性等要求的符合性验证试飞。

C 分部　结构:飞行和地面载荷评估要求;机身、操纵系统、起落架及其他部件的结构设计要求。

D 分部　设计与构造:包括设计方法、材料、操纵系统、起落架设计、需进行的结构试验、驾驶舱和客舱设计、防火和颤振要求等。

E 分部　动力装置:包括动力系统安装及相关系统的要求,也包括了动力系统操纵、附件和防火要求。

G 分部　使用限制和资料:包括为使航空器正确运行,驾驶员和其他人员必须得到的资料,含标记、标牌、飞行手册等内容。

分部　附录:其他相关内容。

4.1.3　适航管理

1. 适航管理的作用

适航管理是以保障民用航空器的安全性为目标的技术管理，是政府适航部门在制定了各种最低安全标准的基础上，针对民用航空器在设计、制造、使用和维修等环节中的安全问题，进行的监督和管理。

2. 适航管理的内容

适航管理工作的主要内容包括以下几方面：

a）制定和修改适航标准和审定监督规则；

b）对民用航空器的设计进行型号合格审定；

c）对航空器制造厂的生产进行审定，发放生产许可证；

d）对注册的民用航空器进行适航检查，发放适航器适航证；

e）对航空器的使用者提出要求和使用限制，监督航空器的适航完整性；

f）对维修单位进行审查，发放维修许可证，监督检查维修的质量保证；

g）对维修人员进行考核，发放执照，保证维修人员的技术水平；

h）适航管理贯穿从航空器制造到整个使用寿命期。

3. 适航管理机构

（1）国际机构

国际民用航空组织（InternationalCivilAviationOrganization，简称ICAO），是联合国系统中负责处理国际民航事务的专门机构，迄今已有193个会员国。其主要活动是研究国际民用航空的问题，制定民用航空的国际标准和规章，鼓励使用安全措施、统一业务规章和简化国际边界手续。

（2）国内机构

我国对民用航空器的适航管理由中国民用航空局负责。我国适航管理结构体系分为三层，第一层是立法决策层，单位有民航总局航空器适航司和飞机标准司。第二层为执法监督层，指各地区管理局航空器适航处。第三层是委任基础层，指所有的委任适航代表和委任适航单位。民航总局授权民用航空器适航司主管适航管理工作。适航司全面负责航空器的适航工作，下设五个业务处，分别负责航空器设计、制造、使用和维修的立法、检查和监督工作。飞行标准司负责航空器持续适航工作中的维修工作。

4. 适航管理的阶段

民用航空器的适航管理划分为型号合格审定管理和持续适航管理两个阶段，两个阶段是互相联系，不能简单分开。

型号合格审定管理主要指对民用航空产品设计、制造的适航审定、批准和监督。幸好合格审定保证飞机在设计和研制阶段满足适航性指标和要求，飞机通过型号合格审定就可取得适航证。该阶段的工作内容包括从航空器的设计、生产到投入使用阶段的适航管理，主要负责设计方面的适航管理、生产、制造方面的适航管理和航空器适航性审查。

持续适航管理是在航空器获得适航证并投入运行后，对其使用和维修的控制和管理，保证航空器始终处于安全运行状态，保障飞行安全，促进民航事业发展。

5. 航空器适航证件体系

适航管理是通过一系列证件对航空器、部门、人员符合性进行认定，并通过实时监督来有效保障的。适航证件体系包括型号合格证、型号认可证、补充型号合格证、型号设计批准书、技术标准规定项目批准书、零部件制造人批准书、材料、零部件、机载设备设计批准认可证、生产许可证、适航证、外国航空器适航证的认可书、适航批准书、出口适航证、特许飞行证、民用航空器国籍登记证、维修许可证、维修人员执照、委任单位代表证书和委任代表证件。这里介绍以下几个常用的重要证件：

（1）型号合格证

民航总局对民用航空器、航空器发动机、螺旋桨（滑翔机、载人气球、超轻型飞机或其他非常规航空器，以及装于其上的发动机、螺旋桨除外）设计批准的合格凭证。

（2）补充型号合格证

型号合格证持有人以外的任何人对经过批准的民用航空产品型号设计进行改动时，由适航当局向申请人颁发的证明其型号更改符合适用的适航标准和适航当局确定的专用条件，或具有与原型号设计等同的安全水平，在运行中没有不安全的特征或特性的证件。

（3）型号设计批准书

针对初级类、限用类航空器，滑翔机、载人气球、超轻型飞机和其他非常规航空器以及装在其上的发动机、螺旋桨设计批准的合格凭证。

（4）生产许可证

适航部门对已获得民用航空产品型号设计批准，并欲重复生产该产品的制造人所进行的资格性审定，以确保该产品符合经民航总局批准的型号设计要求。

（5）适航证

民用航空器符合民航总局批准的型号设计，并能安全使用的凭证。

（6）特许飞行证

对于尚未具备颁发有效适航证条件，但需要做特定用途飞行时，需申请特许飞行证。包括第一类特许飞行证和第二类特许飞行证。第一类特许飞行证用于研究、验证、表演、训练、体育等飞行活动；第二类用于调机飞行，包括修理、维护、交付、出口等活动。

6. 型号合格审定

型号合格审定和批准的形式包括型号合格证或型号设计批准书、补充型号合格证，型号合格证更改及其他型号设计更改。型号合格审定工作流程如下：

（1）申请人应提交的申请资料

民用航空器、航空发动机和螺旋桨的设计人或制造人可以向适航部门提出型号合格证申请，但须按规定的格式填写申请书并提交下列文件：

a）型号设计特征介绍，包括新颖或独特的设计特点，研制历史与继承性的设计特征及潜在的市场说明；

b）适用的适航标准和建议的专用条件，以及为满足适航标准拟订的符合性验证计划；

c）对于航空器，应提交其三视图和基本数据（如使用特性和限制等）；

d）对于发动机和螺旋桨，应提交其初始型号说明、纵剖面图、工作特性曲线和使用限制说明等资料；

适航部门收到申请人的型号合格证申请书及所附资料后，指定项目主管人员对其进行初步评审，在 90 天之内决定是否受理申请。若同意项目申请，发出受理通知书；若不同意项目申请或手续不完备的，以函件形式通知申请人。

（2）合格审定基准

型号合格审定基准由申请人提出，经审定委员会确定，作为某一机型合格审定的依据标准，包括适航标准、专用条件、豁免条款等。

适航标准的确定是根据提交型号合格证申请书之日有效的适用的适航标准（适航部门另有批准除外）以及适航部门规定的某些专用条件，还包括航空器噪声和发动机排污的规定等。

自型号合格证申请人提交申请书之日起，适航标准适用性的有效期为 5 年。如果申请人无法在规定的期限内完成型号合格审定所需的工作，则应与适航部门协商如何满足适航标准变更的要求。

如果适航部门认为提交进行型号合格审定的产品具有新颖或独特的设计特点，而且有关安全性要求、营运的特殊适航要求及环境保护要求没有包含在现行的适航标准之中，适航部门将制定专用条件及修正案。专用条件在征求公众意见后颁发。专用条件与适航标准具有同等效力。

适航标准的豁免或等效安全措施在以下情况适用：当申请人设计的航空产品的某些设计特征无法完全满足适航标准的要求，但航空产品类似设计特征具有长期安全使用的经验，或采用等效安全措施能够达到相同安全水平时，申请人可以向适航部门申请适航标准的豁免，适航部门将根据航空产品的设计特征、安全性影响以及采用等效安全措施的情况，批准豁免的申请。

（3）合格审定计划

型号合格审定前应制定进行适航符合性验证计划，由申请人提出。符合性验证计划内容包括适用条款、验证方法及名称编号、预计完成时间等。

（4）首次 TCB 会议（TypeCertificationBoard）

适航部门的项目主管人员负责首次型号合格审定委员会会议前的技术准备工作和整个型号审定过程中的协调工作。项目主管人员负责组织有关人员听取申请人的项目介绍，并指导和帮助申请人准备应向首次委员会会议提交的文件及讨论有关型号合格审定基础的问题等。对于审定受理者，开会讨论以下议题：

a）申请人介绍型号设计或更改的特征；

b）确定审定基准；

c）确定审定计划；

d）确定当时适航所有问题纪要内容；

e）确定外购材料、零部件、设备等需要单独审定的项目及计划；

f）审议审查组成员资格及组内设置。

（5）审查设计资料

申请人配合审查组按照专业分工配合审查组审查设计资料，说明设计特征已充分检查和试验，不存在不安全因素，审查组签署型号资料审查表。

（6）审查试验

具体试验应满足以下要求：

a）确定的地面试验和试飞验证应提前较长时间提交试验大纲；

b）验证试验前提交制造符合性声明，审查组检查产品安装、设备、人员资格等；

c）试验机型从已表明符合型号设计到提交试验时不得更改；

d）试验期间发现问题。

e）若不符合适航性，必须立即终止试验，下发不符合通知书；若有必要终止试验，则由主管人员说明终止试验的理由，原因排除后，申请人提出恢复试验的报告；

f）试验结束后提交报告。报告应包括以下内容：目的、设备状态、试验程序、试验数据资料、试验后分解检查结果、有关分析报告、结论。

（7）研制试飞

研制试飞的目的是申请人对所设计的产品的飞行性能和安全性进行调整试飞。为保证试飞安全，申请人在试飞前应向相关主管部门提交试飞计划、有关措施，申请第一类特许飞行证。

研制试飞为民用飞机型号合格申请人对所设计的型号飞机进行飞行性能和使用安全性的试飞，包括首飞、扩大包线飞行和一部分适航标准符合性的试飞，以考核型号飞机是否达到原定的设计性能指标，并向适航当局表明，飞行使用安全，可以进行型号合格审定试飞。研制试飞由型号研制部门负责进行，适航当局一般不介入。试飞中可能暴露设计问题从而需改进设计。研制试飞的结果将提交适航当局审查，作为适航当局对该型号飞机颁发“型号检查核准书”（TIA）的重要依据。

（8）验证试飞准备

验证试飞是审查组参与下的型号合格审定的试飞项目，在验证试飞前，申请人应向审查组提交验证试飞结果、制造符合性声明和验证试飞大纲。

（9）验证试飞前 TCB 会议

验证试飞前的 TCB 会议的任务是审议型号检查核准书，审议并裁决验证试飞大纲有关的问题纪要，讨论型号检查核准书签发前所有重大问题，给出处理结论和提出颁发第一类特许飞行证的建议。

（10）审查验证试飞

型号合格审定试飞即验证试飞，为由适航当局负责进行的并检查型号飞机对于适航标准符合性的试飞。型号合格审定试飞必须经型号合格审查委员会讨论决定。其飞行任务必须由适航当局的或受其委托的试飞员承担。试飞中，型号合格审查代表必须进行试飞检查或到现场观察试飞验证工作。包括 3 项工作：申请人配合审查组审查代表完成地面检查、现场观察试飞；申请人按大纲完成验证试飞；申请人配合审查代表填写型号检查报告的飞行试验部分。

（11）最终技术资料的工程评审

完成各项试验后，还应该进行技术资料的工程评审，包括以下内容：

a）提交全套型号的设计资料和各种手册，包括计算分析、工程报告、试验报告、最终型别说明等；安装使用手册、维修手册、飞行手册、设备清单等；

b）起草型号合格证数据单，提交最终 TCB 会议审议；

c）完成型号检查报告。

（12）最终 TCB 会议

最终 TCB 会议主要完成以下工作：

a）审核技术审查结果和型号合格证数据单草案；

b) 审核所有问题纪要的处理情况；

c) 审核各类手册文件；

d) 做出型号合格审定结论，向民航总局提出颁证建议。

(13) 颁发型号合格证及型号合格数据单

民航总局有关部门批准飞行器的飞行手册，审核 TCB 的报告，符合要求则颁发型号合格证书。

7. 生产许可审定

航空产品型号合格证申请人在取得适航部门颁发的型号合格证后，尚需一定的工作才能获得适航部门对其生产航空产品的质量保证系统的批准。按照以下流程开展生产许可审定：

(1) 申请生产许可证

民用航空器、航空器发动机和螺旋桨的设计人或制造人可以向民航总局适航部门提出生产许可证或批准的生产检验系统的申请。

当生产许可证申请人按中国民用航空规章(CCAR－21)的规定向适航部门提交了申请书(表 AAC－017)并提供了符合 CCAR－21 规章有关规定的文件后，适航部门将对申请人提供的资料及申请人的状态进行初步评审，确定对申请人的申请是否予以受理。对同意受理的，适航部门发出受理通知书；对不予受理的，书面函告申请人。受理后按适航管理程序 AP－21－04 视情况组织生产许可审定委员会和生产许可审查组。

(2) 首次 PCB 会议(ProductCertificationBoard)

首次 PCB 会议审查的内容包括包括有关质量保证系统、组织机构和生产技术能力的资料及零部件生产和质量验收复查情况。

(3) 审查生产许可

申请人配合生产许可审查组完成以下工作：

a) 提交有关资料和现场贯彻情况，包括供应厂的质量控制；

b) 排除系统评审记录表上填写的缺陷；

c) 整改质量保证系统分析评审报告上的问题；

d) 现场贯彻质保系统的纠正措施。

(4) 最终 PCB 会议

会议讨论审查结果，不满足要求者限期采取纠正措施。

(5) 颁发生产许可证

委员会在审议审查组的审查报告和建议后，如果符合相关标准要求，则做出同意颁发生产许可证的结论，上报总局颁发生产许可证，包含许可生产项目单，列有飞机名称、型号合格证编号、批准日期。

8. 适航审定

民航飞机单驾机必须取得单机适航证，申请流程为：

(1) 申请适航证

适航证是民用航空器符合批准的型号设计并处于安全可用状态的合法凭证。民用航空器只有取得适航证后，方可飞行和营运。任何具有中国国籍的民用航空器的所有人或使用人，均可申请该架民用航空器的适航证。申请适航证应提交资料如下：

a）适航证申请书；

b）航空器制造国适航当局颁发的出口适航证或适航证；

c）修理或改装后用以证明该民用飞机符合批准的型号设计以及确保持续适航所需的有关技术资料。

（2）适航检查

在CAAC商定的时间和地点提交飞机，进行检查。必要时进行试验飞行，验证飞机性能、操纵性能、电子设备等符合要求。如果非新飞机，申请人提交一切改装、试飞的工作记录。申请人必须解决检查中提出的问题。

（3）颁发适航证

对根据生产许可证制造的新飞机无需进一步证即可取证。未取得生产许可证但依据型号合格证制造的新飞机，提交制造符合性声明，并接受适航检查，合格者可取得单机适航证。

9. 持续适航管理

持续适航解决的是航空器投入航线使用以后的适航问题，该阶段主要工作是使用、维修、故障反馈及改进设计。

持续适航阶段，航空器设计、制造方（型号适航证申请人）、航空器使用、维修方及单机适航证持有人与局方（航空器适航性管控方）三方协同来确保航空器安全，关系如图4.3所示。

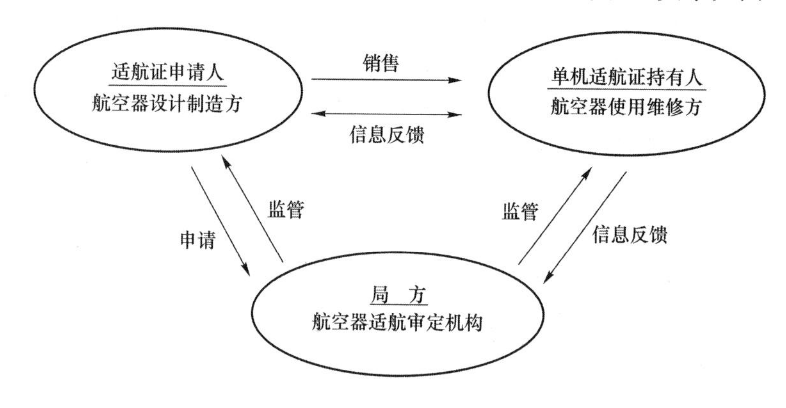

图4.3　持续适航三方责任

（1）适航当局责任

a）研究制定持续适航管理方针和政策；

b）颁发持续适航管理的法规、条例和程序；

c）审查新机是否满足使用维修要求、审查初始维修大纲；

d）审查维修部门是否符合规章要求，考核空勤和维修人员；

e）收集和分发有关安全方面的资料，研究故障后果、发生概率、解决方案和改进措施，发出适航指令。

（2）飞机制造商的责任

a）新机设计中充分满足可靠性和维修性要求；

b）制定新机初始维修大纲，根据安全信息和不间断的结构完整性检查结果，提出补充检查文件或修订检查程序；

c）编制持续适航文件，向使用和维修部门提供依据；

d）跟踪每架飞机的使用情况，分析处理反馈信息，向使用和维修部门发出服务通报，并报适航当局审批；

e）执行适航当局发出的适航指令，排除不安全因素；

f）向使用维修部门提供技术资料，及售后服务工作。

（3）使用和维修部门的责任

a）按适航当局颁发的法规、条例和程序正确使用和维修飞机；

b）根据飞机制造商提供的大纲、文件、程序，结合本公司飞机使用条件、航线、环境、设备和人员素质制定维修计划；

c）向飞机制造商反馈使用和维修中发现的问题及分析，凡是危及安全的问题，必须向适航当局报告；

d）执行适航指令，排除不安全因素；

e）按要求执行设计、制造部门发出的服务通告。

型号设计更改的审批：凡对产品的重量、平衡、结构强度、可靠性、使用特性，以及对产品适航性没有显著影响的更改属于小改，其他所有更改均为大改。更改方提交资料由适航当局审查组按型号合格审定程序进行评审，合格后颁发补充型号合格证。按适航指令要求进行的更改，提交方案后由工程委任代表审查批准。如果设计更改过大，需要重新申请型号合格证。

持续适航阶段的原则是飞机使用周期内保持原设计的结构完整性不变，因此涉及到飞机的设计及制造阶段的要求和相关适航标准：

（4）持续适航有关的适航条款（CCAR）

为保证在持续适航阶段的飞行安全，在设计和制造过程中应满足以下的适航标准：

a）25.301 载荷；

b）25.303 安全系数；

c）25.305 强度和变形；

d）25.307 结构符合性证明；

e）25.571 结构的损伤容限和疲劳评定；

f）25.601 设计与构造总则；

g）25.613 材料的强度性能和设计值；

h）25.1309 设备、系统及安装。

（5）持续适航要求

设计应采取措施，使航空器整个使用寿命期内满足以下要求：

a）整个使用寿命期内避免因疲劳、腐蚀或意外损伤引起空难性破坏（CCAR－25.571）；

b）必须保证在各种可预期的运行条件下能完成预定功能（CCAR－25.1309）。

4.2　设计制造与飞行安全

飞机设计和制造过程的缺陷和失误将直接影响飞行安全。虽然设计和制造水平的局限性是技术发展的客观存在，但专业人员依然可以从设计和制造导致的飞行安全事故中得到很多启示。

4.2.1 设计缺陷

1. 图-154设计缺陷

(1) 设计缺陷1:飞机电缆接插件无防插错措施

1994年6月6日,一架图-154飞机起飞10 min后空中解体,机上人员全部遇难。调查认为,这是一起责任事故,事故直接原因是地面维修人员在更换ⅡKA-31安装架时,错插Ⅲ7、Ⅲ8插头,导致飞机的动稳定性变坏,使飞机失去控制,最终飞机空中解体。表面上看本次事故是由维修人员错误操作引起,但深层次的原因是飞机的电缆接插件没有防插错设计措施,为维修人员的错误操作制造了可能。

(2) 设计缺陷2:发动机设计不合理、用材不当

1988年5月,一架图-154起飞后一台发动机断轴,4级低压涡轮被甩出机身,尾部蒙皮被打穿,飞机安全迫降。该飞机1985年9月出厂,使用4 582小时,起降2 434次,远低于寿命周期。发动机故障的原因是高压压气机转子内的隔热套筒在外压作用下,使筒体突然下陷变形,碰到高速旋转的低压涡轮传动轴,造成轴断裂。调查发现事故根本原因是发动机的用材不合理,与设计密切相关。

(3) 设计缺陷3:操纵系统设计缺陷

1999年2月,一架图-154飞机飞行中升降舵操纵系统自锁螺母脱落,俯仰通道操纵失效,导致飞机失控,61人遇难。

其他的有关图-154飞机的事故记录如2010年波兰空难等大约数十起,因设计原因和系统故障导致空难的比例最高。截至目前这种机型飞机共生产1 000余架,多数已老龄化,面临很大的安全问题。

2. 麦道DC-10设计缺陷

(1) 行李舱门设计缺陷

1974年土耳其航空981号航班空难,事故原因是行李舱门脱落,客舱与行李舱压差导致客舱地板下陷引发空难。

(2) 发动机支架设计缺陷

1979年芝加哥空难275人死亡。事故原因为发动机支架断裂,发动机爆炸,破坏机身客舱,乘客被吸出机舱。在发动机设计中主要考虑制造方便,而未监测和控制动力系统。

3. 麦道MD-11设计缺陷飞机襟翼/缝翼操作手柄设计不当

在1993年4月6日,麦道MD-11飞机在太平洋上空,由于机组成员意外地将飞机的前缘缝翼放出,使得该飞机经历了多次剧烈的俯仰振荡并失去高度。随后该航班在美国阿拉斯加州塞米奇群岛的申雅岛空军基地进行了紧急降落。

4. 空客A320设计缺陷:驾驶舱人机界面设计缺陷

1992年法国航空公司148航班事故87人遇难。法国航空事故调查处认为飞机坠毁的原因是飞行员无意中将自动驾驶仪设置为垂直速度模式,而不是飞行航径角模式,因而错误地把航迹角设成下降速度。空客A320驾驶舱人机界面设计可能误导飞行员。事故原因是飞行员不熟悉空客A320复杂的电脑系统而导致的。

5. 空客 A330 设计缺陷：操纵侧杆设计缺陷

2009 年法国航空 447 号班机坠毁于大西洋海面，机上人员全数罹难。调查发现，飞机穿越雷暴区，空速管全部结冰，机组未意识到发动机停转。当左驾驶意识到失速应该下降高度，但右驾驶一直拉杆。空客 A330 侧杆设计缺陷导致左驾驶不知道右驾驶在拉杆。

6. 波音 737 设计缺陷：复飞程序存在隐患

1978 年 2 月 11 日，太平洋西部航空一驾波音 737－275 飞机越过机场进口端 240 m 后接地，反推减速，发现跑道上有扫雪机正在工作，立即启动复飞，但液压动力已自动切断，左发反推无法关闭，掠过扫雪机后严重倾斜，失去高度并向左侧滑坠地，飞机解体、起火，42 人遇难。调查发现，事故主要原因是着陆阶段飞机接地反推打开后需要再复飞，但反推无法收回。事故其他原因是下雪、空管通信问题等。

7. 波音 737MAX 设计缺陷：飞控系统软件

2018 年 10 月 29 日，印度尼西亚狮子航空公司一架波音 737MAX 客机起飞 13 min 后坠毁。2019 年 3 月 10 日，埃塞俄比亚航空公司一架波音 737 MAX 客机起飞后不久在距首都约 45 km 的比绍夫图附近坠毁。经事故调查发现，该飞机的飞控系统软件设计存在缺陷，导致在飞机起飞爬升阶段，在飞机没有失速的情况下飞控软件中的防失速功能被误触发，出现错误操作导致。

8. 波音 747－121 设计缺陷：发动机吊架设计存在缺陷

波音 747－121 因发动机吊架设计原因导致多起空难发生：1991 年中华航空公司台北空难、1991 年美国长青国际航空公司安克雷奇机场和 1992 年以色列航空公司阿姆斯特丹机场空难。事故原因均为发动机吊架设计和适航鉴定未达到安全标准。针对此类设计缺陷，美国国家运输安全委员会建议采取了以下措施：

a）提供新设计的保险销，以取代目前使用的易腐蚀和易疲劳断裂的保险销；

b）老式安全销的周期性检查间隔由 500 个起落缩短至 100 个起落以内；

c）必要时缩短新式安全销的检查间隔；

d）超声波检查翼梁上的耳和中间翼梁接头处的发动机吊架 U 形夹；

e）制定出对上部连臂和对角撑杆连接设备的检查要求；

f）使用通用公司发动机的飞机，要采用新型安全销和连接接头检查程序；

g）获取飞行试验数据以证明发动机吊架和机翼的连接对所有飞行状态和发动机布局都有足够的安全系数。

9. 波音 747－122 设计缺陷：行李舱门锁机械装置设计存在缺陷

1987 年泛美航空的波音 747 客机行李舱门意外打开，该起事件为事故征候，未采取措施。1989 年 2 月 24 日，美国航空公司飞机在 6 700 m 左右高度，前货舱门突然爆裂，造成舱内急速失压。内应力撕裂了整个右前侧机体。飞机紧急迫降于檀香山，9 名乘客遇难。事故原因为行李舱门锁机械装置易变形，导致锁上的门可能自动打开。

10. 波音 747－131 设计隐患：在排除可燃火源、防止油箱爆炸的设计和取证原则有问题

1996 年 7 月 17 日，美国环球航空公司一架波音 747 飞机起飞半小时后发现 4 号发动机燃油流量显示异常，1 分钟后飞机爆炸坠海。事故原因为中央翼油箱的一小段外部电路能够通过油量指示器的导线输入过大电压，最终导致中央翼油箱爆炸。事故同时暴露出，排除可燃火源、防止油箱爆炸的设计和取证原则有问题。

4.2.2 制造缺陷

制造缺陷包括材料问题和生产质量控制问题等。

1. 假冒伪劣部件

1989 年斯卡格拉科海峡空难，“康维尔 580”客机在 6 600 m 高度尾翼折断，机翼折断，机身解体。调查结论显示，连接尾部和机身的螺栓全部是伪劣产品。巨大的价格差异驱使下假冒伪劣材料在飞机制造中被使用。

波音 737 飞机曾经发生过发动机分隔涡轮单元的垫圈为伪劣商品。正品钛金垫圈 700 美元，寿命 6 000 h。次品钢材仿制，寿命 600 h。

2. 生产质量问题

虽然说民航飞机的生产过程控制非常严格，但仍有疏忽之处。

1996 年达美航空 MD－88 飞机起飞沿路时发动机风扇轴套断裂，叶片破碎穿透飞机致 2 人死亡，紧急中断起飞。事故原因是轴套疲劳裂纹，生产时钻孔造成合金微观结构变形，变形可由蓝腐蚀阳极化方法查出，但生产公司未识别出，普惠公司安装时也没发现变形区。裂纹扩展非常快，断裂之前已经可以检查出来，但维修检测亦未能发现。

4.3 系统故障与飞行安全

系统故障是系统或设备一部分不能或将不能完成预定功能的事件或状态，对某些设备故障如电子元器件、弹药等称为失效。故障按照不同的分类方式可分为：主动故障与被动故障、显性故障与非显性故障、独立故障与非独立故障、共因（共模）故障、耗损故障与随机故障等。飞机系统故障包括发动机失效、操纵面失效、起落架失效及其他系统故障。

4.3.1 发动机失效

1. 单发失效

大型商业运输机为保证起飞具有必须的推重比，通常采用多发布局，这会提高安全水平，但同时也存在非对称动力飞行的可能性。习惯上将所有非对称动力飞行统称为单发飞行。双发飞机在一台发动机失效时，如果飞行员没有及时处置，以适当的操纵控制飞机，在不对称动力作用下，飞机的姿态将会发生变化（称这种变化为瞬态响应）。无论什么动力的飞机，一发失效的响应都是一样的，即向坏发偏转，并形成坡度，如图 4.4 所示。在偏转、滚转的同时飞机的速度会明显地减小，升力也随之减小，飞机高度下降（或上升角减小），飞机在下沉过程中，气流从下前方吹来，有增大迎角的趋势，在俯仰稳定性作用下，机头还会下俯。对于运输机来说，形成这样大的侧滑角和坡度，是很危险的。

在确实判明发动机失效之后，首要的任务是保持飞机的平衡。无论什么机型都需要向好发一侧蹬舵和压杆以制止飞机偏转和滚转，待机头回到原航向时，再按下述任一种方法保持直线飞行。

(1) 机翼水平,向失效一边侧滑

这种平衡方法的操纵是:向好发一侧蹬舵、压杆,并向好发一侧保持一个小的坡度(坡度的大小依机型而异),使飞机不带侧滑。这种平衡方法的特点是飞机无侧滑、阻力较小、工作发动机的负荷较小、单发性能好;同时航向与航迹一致,便于保持方向。但这种方法的不足之处是,侧滑仪的小球在自身重力作用下,略偏向好发一侧,因此不便于用侧滑仪的小球位置判断飞机是否有侧滑及坡度是否恰当。

(2) 向正常侧滚转不控方向舵

操纵上大幅向正常侧滚转,缺点是爬升性能大幅降低。

(3) 正确的平衡方法

结合使用方向舵和副翼,向正常发动机一侧小幅倾斜,向正常发动机一侧小幅偏转方向舵。目标是保持零侧滑,实现最佳爬升性能。

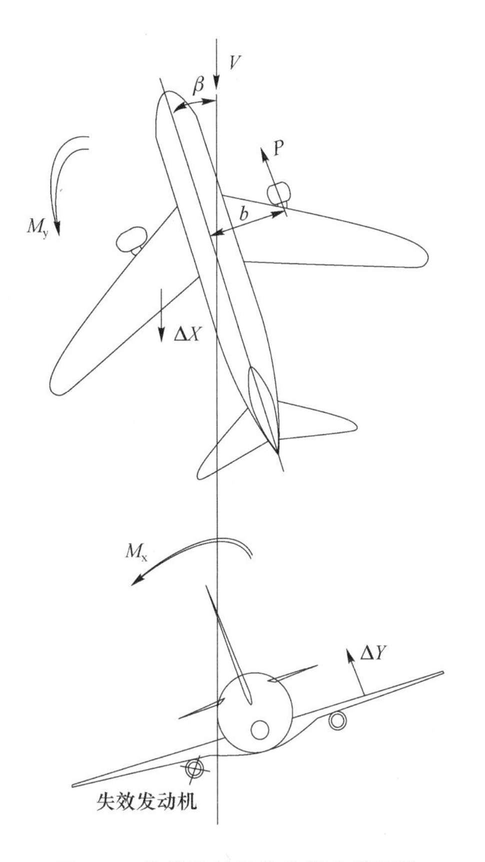

图 4.4　单发失效飞机的姿态等变化

2. 发动机失效原因

(1) 发动机故障

导致发动机故障的原因包括叶片断裂、轮盘飞出、转子抱轴和附件故障。

叶片断裂由风扇叶片动强度不足导致,表现为叶片疲劳损坏、叶片气动弹性失稳损坏等;或吸入外来物击伤或打断,比如鸟击、冰雹等。叶片断裂后果是,叶片甩出的离心力可达10 t,直接破坏飞机其他部件,击中油箱可能燃烧爆炸。针对此类原因的改进措施是采用包容机匣,即在风扇、涡轮部件转子的机匣上设置的高强度环,防止叶片断裂后飞出,避免二次损伤。近十几年,未发生非包容的转子破裂事故。

转子抱轴指转子上的零件(叶片、盘、齿、轴)掉块、破裂或脱落,离心力甩出,破坏发动机内部或外部其他零部件,造成飞机二次损伤。

(2) 外部原因(环境因素)

导致发动机损伤的外部原因有鸟击、冰雹、大雨等,见第 3 章相关内容。

(3) 案　例

1987 年 5 月,波兰伊尔-62 飞机起飞时 4 级低压涡轮断裂,碎片击伤飞机,183 人遇难。

1989 年 7 月 14 日,美国联合航空公司 DC－10,发动机一级风扇叶片断裂,操纵系统损坏,迫降后失火,111 人遇难,47 人受伤。

1985 年 8 月 22 日,英国空游航空公司波音 737－236 起飞时异常声响,原因是发动机 9 号燃烧室火焰筒故障,甩出发动机撞裂机翼油箱检查盖板,导致起火。

2021 年 2 月 20 日,美联航一架波音 777－200 客机起飞后不久便发生故障,发动机在空中爆炸燃烧,飞机紧急返航并顺利着陆。事故原因为普惠 PW4000 发动机的风扇叶片疲劳断裂引起发动机爆炸。

（4）发动机设计要求

为保证发动机的性能和安全性、可靠性要求，发动机设计必须满足 CCAR §25.901～§25.945 要求，具体内容如图 4.5 所示。

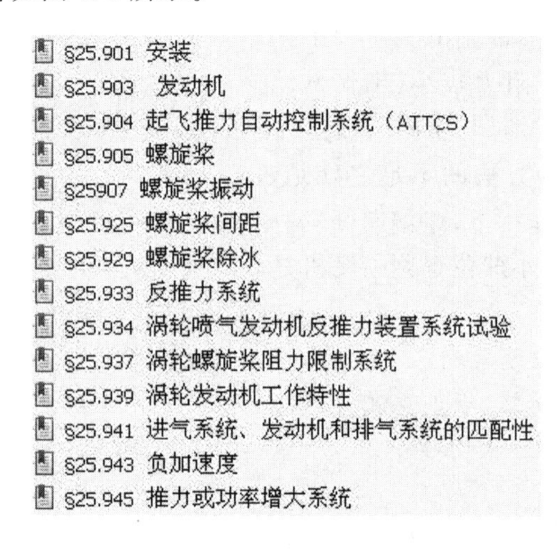

图 4.5 发动机适航标准

4.3.2 操纵系统

操纵面可实现飞机空中飞行的姿态控制。操纵面失效表现形式包括襟翼完全失效、不对称襟翼、升降舵失控、方向舵失控和副翼失控。

举 2 个曾经发生的操纵面故障相关案例：1999 年 2 月 24 日，一架图－154 仅仅阶段升降舵连接螺栓的螺母脱落，导致俯仰通道操纵失效，飞机坠毁。1994 年 9 月 8 日，美国航空公司波音 737－3B7 进近时进入前机尾涡，方向舵主动力控制单元伺服阀二级滑块从中立位置滑向伺服阀室，超出一级滑块行程，导致方向舵转方向与飞行员操纵方向相反，导致飞机失控坠毁。

有关操纵面的适航标准相关内容见 CCAR §25.391～§25.459，组成内容如图 4.6 所示。

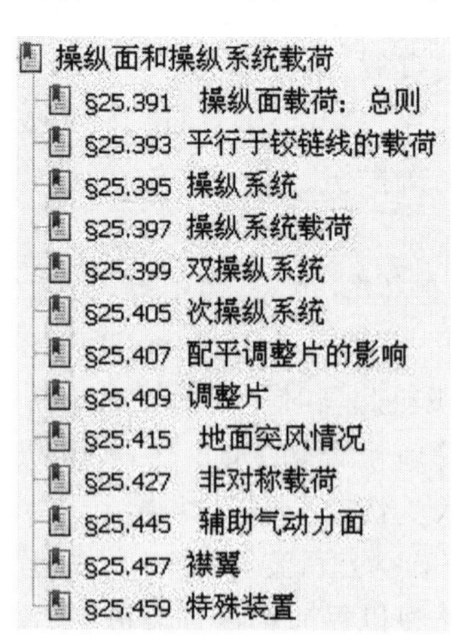

图 4.6 操纵系统适航标准

4.3.3　其他系统

1. 液压系统失效

液压系统以液体为工作介质传递压力，实现能量的转换、传递、分配和控制。飞机上液压系统主要应用在主操纵面、辅助操纵面、起落架收放、刹车、转弯、减速板何特殊收放装置。

1999年11月22日，一架波音737-300巡航阶段液压油泄漏，关闭左发动机备降。2006年7月9日，西伯利亚航空公司一架空客A310，冲出跑道，撞上一排仓库，至少125人遇难，原因是制动系统液压装置失灵。

液压系统适航标准相关内容见CCAR§25.1435。

2. 起落架

起落架的功能是实现飞机起降、滑行、停放时在地面滑跑、缓冲和吸收着陆、滑跑时的撞击与颠簸能量、滑行时进行操纵和制动。

1998年9月10日，一架MD-11起飞后发现前起落架机械故障，最终在无前起落架的情况下迫降成功。事故原因是机型材料疲劳寿命低于设计，前起的锁销断裂脱落，起落架传动系统失灵。

起落架方面的适航标准相关内容见CCAR§25.471～§25.519和CCAR§25.721～§25.737。

3. 其他案例

(1) 波音747航姿系统

1978年1月1日，印度航空的一驾飞机坠海。事故原因是飞行姿态仪表故障，夜间海上缺乏视觉参考也是原因之一。

(2) MD-11电子系统

1998年9月2日，瑞士航空一驾飞机坠海，原因是机载电子系统线路过热起火。

(3) A320反推力装置

2007年7月17日，圣保罗机场，A320飞机冲出跑道，撞进仓库后起火爆炸，原因是反推力装置存在故障导致的飞机着陆速度过快引起。

4.4　飞行状态与飞行安全

4.4.1　飞行状态的影响

飞机的飞行状态对飞行安全的影响主要包括重量、重心、外载荷、结构腐蚀/疲劳等变化导致的安全问题。

通常飞机起飞的最大允许重量是在场地长度、结构、上升梯度、轮胎速度和刹车能量等限制中，选择一个限制最严格的起飞重量(即上述各限制中最小的重量)作为起飞的最大允许重量。飞机超载会影响滑跑距离和爬升性能。

案例：2003年3月6日，阿尔及利亚的一架波音737-2T4以最大起飞重量在高原机场起飞，推力不足，单发涡轮发生故障后，失速坠毁。原因是在高原高温机场起降时，由于空气密度和温度的变化，导致最大起飞/着陆重量发生变化。

4.4.2 飞机结构解体

结构、载荷、重心及疲劳等因素发生变化往往是导致飞机解体的原因，飞机的结构解体如图 4.7 所示。导致飞机解体的原因有外部原因、设计原因和飞机的服役时间。

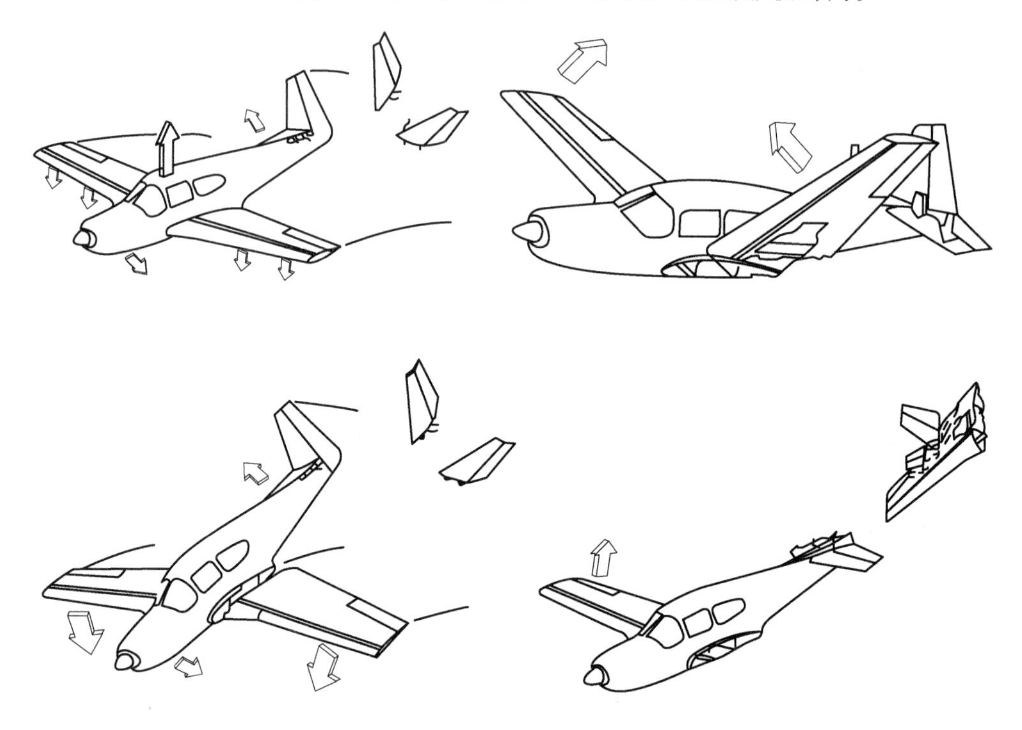

图 4.7 飞机结构解体示意图

1. 外部原因

为了保证飞机结构具有一定的安全裕度，结构通常按能承受高于使用载荷(限制载荷)的负载进行设计。即：设计载荷＝安全系数×使用载荷，其中，设计载荷为结构不发生破坏所承受的最大载荷，或称极限载荷。使用载荷为飞机在实际使用中可能遇到的最大载荷，或称限制载荷。

通常导致飞机结构解体的外部原因是使用载荷超过设计载荷，引起破坏的主要是升力(突风载荷)、惯性离心力(机动飞行)。突风载荷是飞机在不平稳的大气中飞行，由扰动气流引起的附加载荷。对于非高机动飞机，由突风所引起的载荷有时会超过飞机作机动飞行时的载荷。

2. 设计原因

飞机结构设计考虑不周导致飞机空中解体，主要原因有结构强度不足和颤振。颤振是弹性结构在空气动力、惯性力和弹性力的耦合作用下，产生的一种具有破坏性的气动弹性不稳定状态，相对气流速度大于颤振临界速度时，出现发散运动会使结构在极短的时间内遭到破坏，造成灾难性后果。颤振速度是飞行包线的重要约束条件，换言之，整个飞行包线内都不能出现颤振现象。

3. 服役时间

随着飞机服役时间不断增加，结构腐蚀和结构疲劳会引起结构性能发生变化，严重时会导致飞机结构解体。

(1) 结构腐蚀

结构腐蚀是结构零件所采用的金属材料，在生产和使用过程中，在环境的作用下发生变质、破坏的现象。结构腐蚀包括应力腐蚀、表面腐蚀、锈斑腐蚀、剥落腐蚀、晶粒间腐蚀、电耦合腐蚀和摩擦腐蚀。

应力腐蚀是应力与电化学侵蚀的共同作用，往往导致材料无征兆突然断裂，极为隐蔽，危害最大。应力腐蚀破坏占腐蚀破坏的 40%～60%。应力主要来自加工残余应力和焊接残余应力。常采取以下措施避免：

a) 选用抗应力腐蚀强的材料；

b) 将应力集中减至最小；

c) 不允许外加应力超过许用值；

d) 采用应力释放热处理和表面冷加工消除表面残余应力；

e) 控制装配公差，减小装配应力；

f) 明确紧固件的扭矩要求，防扭矩造成应力过大。

为了避免结构腐蚀的发生，通常采用以下注意事项：

a) 足够通风或排水通道，使浓缩水汽和潮气积聚最少；

b) 避免吸湿材料与金属表面接触；

c) 为永久性连接提供额外的保护措施，例如密封剂。

(2) 结构疲劳

结构在交变载荷作用下如图 4.8 所示，即使载荷的应力水平低于材料的极限强度，经过多次循环载荷作用后，材料也会产生断裂，如图 4.9 所示。这种因循环应力或交变应力而使材料抵抗裂纹扩展和断裂能力减弱的现象，称为疲劳。疲劳导致部件意外断裂、飞机解体。腐蚀环境也会加速铝合金结构疲劳裂纹的形成。

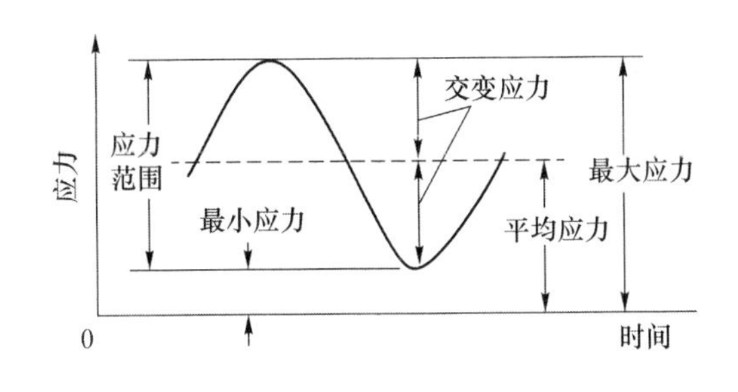

图 4.8　交变载荷

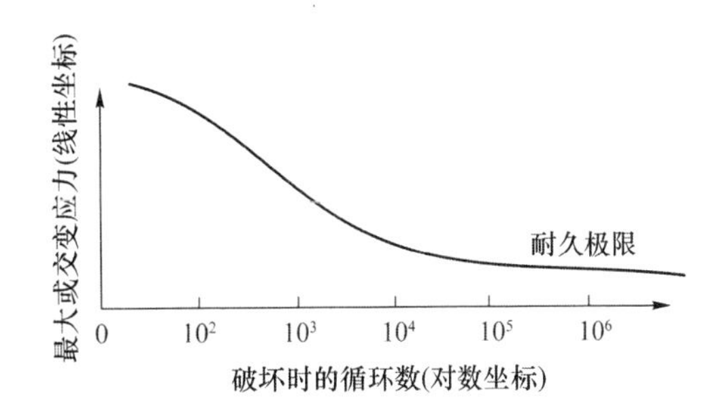

图 4.9　结构破坏时的循环数

交变载荷在飞机上的表现形式有：

a) 蒙皮："地—空—地"增压负载变化；

b）起落架：起降滑跑时地面载荷；

c）操纵舵面：载荷随操纵动作不同而变化。

飞机飞行过程的任务/飞行剖面是飞机制造商规定的，如图 4.10 所示，由起飞、爬升、巡航、待机、下降和着陆等飞行阶段构成。飞机飞行任务剖面的总和应能代表飞机的全部实际使用情况，反映飞机的战术技术性能和使用特点。一架飞机服役使用过程中，其飞行情况可能数以百计。

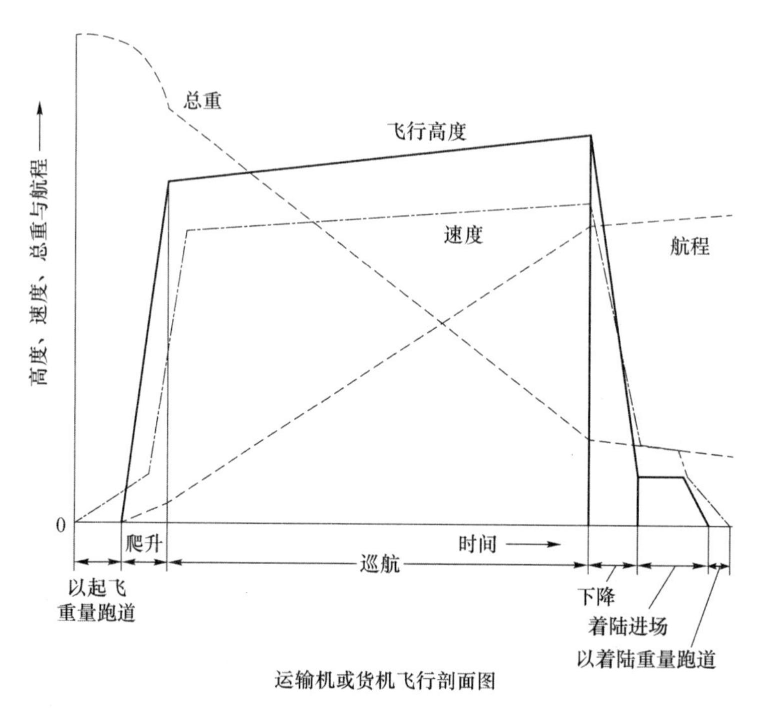

图 4.10　运输机或货机飞行剖面图

飞机每一次飞行任务中，承受应力载荷包括地面载荷和飞行载荷。每一个飞行载荷发生周期性变化，从地面载荷到飞行载荷，再从飞行载荷到地面载荷的完整周期，如图 4.11 所示。

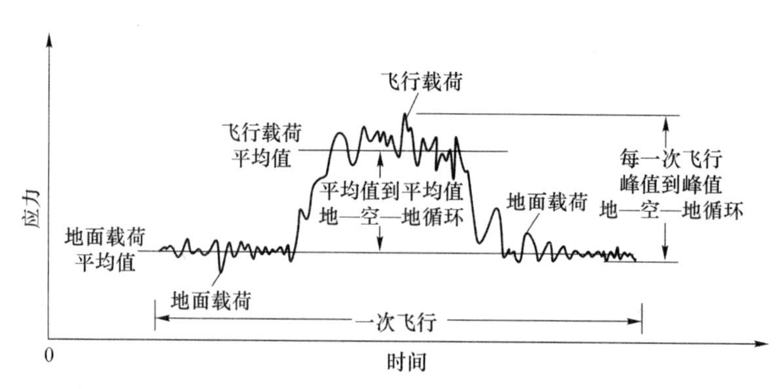

图 4.11　飞机一次飞行载荷变化

飞机的飞行过程中，随着飞行次数的增加，飞行高度、飞行频率、飞行距离发生变化，如

图 4.12 所示，这些变化导致飞机的各种载荷周期性变化。

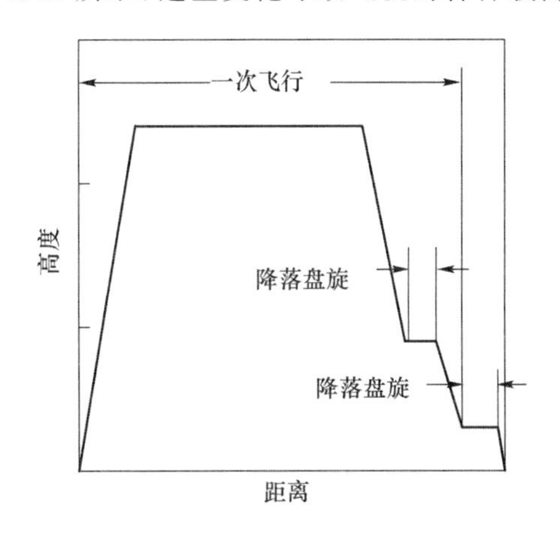

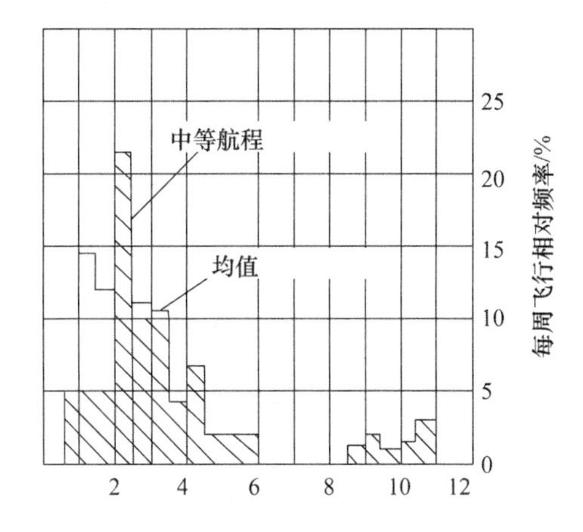

- 高度影响湍流水平和座舱压差；
- 在等待降落过程中，飞机低空盘旋距离的长短对飞机的载荷环境会发生影响；
- 飞行距离影响地—空—地载荷循环。

图 4.12　飞行高度、飞行频率变化

4. 结构解体空难案例

(1) 彗星号客机空中解体

1953—1954 年，3 架彗星号客机空中解体。彗星号飞机飞行中由于金属部件发生裂痕而造成了解体事故，产生这种裂痕的原因是金属疲劳。飞机设计的舷窗圆角太小导致应力集中，增压客舱在每个起落都受到地面与高空不同压差的交变载荷，导致舷窗最大应力处产生低循环疲劳断裂。彗星号空难后，飞机的结构设计采取了以下措施保证飞行安全：

a) 舷窗设计成大圆角舷窗，以减小应力集中；

b) 增加整机疲劳试验，确定整机疲劳寿命；

c) 飞机结构设计增加“破损—安全”设计要求。“破损—安全”要求结构件破损后，可通过相邻传力路径传递载荷，结构在定期检查之前应当保持必要的剩余强度。

(2) 波音 707 失控撞击地面坠毁

1977 年波音 707 进近着陆时失控撞击地面坠毁。波音 707 平尾后梁失效导致升降舵脱离。此次空难后，飞机设计适航标准引入“损伤容限”要求，确保飞机在受到疲劳、腐蚀、意外或其它损伤后仍能在一定时期内保持必要的剩余强度。

(3) 波音 737 前机身上蒙皮整体脱落

1988 年波音 737 在 7 000 m 高度前机身上蒙皮整体脱落。该事故原因是蒙皮纵向接头处成排铆钉孔部位产生的多处裂纹连通并扩展，如图 4.13 所示。事故说明，损伤容限不适用于老龄化飞机，即结构多个细节部位同时存在足够尺寸和密度的裂纹，使结构不再满足损伤容限的要求(老龄化飞机)。此后飞机适航标准引入“广布疲劳损伤”内容以适应老龄化飞机的安全需求。

(4) 其他空中解体案例

1974 年麦道 DC－10 飞机行李舱机门密封不严，气压降低，客舱地板下陷，扩大机门裂缝，最终在 1 000 m 高处因内外压差导致解体。原因是飞机超载 150 人,疲劳损伤导致空中解体。

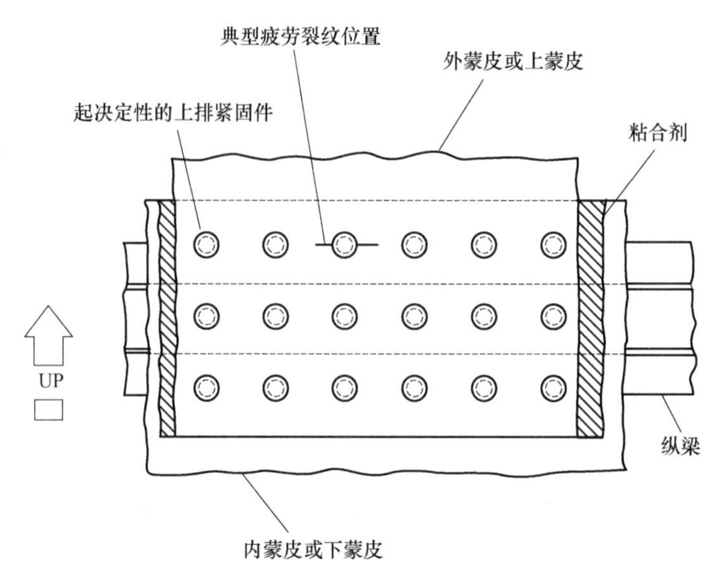

图 4.13　飞机的蒙皮连接处裂纹

2002 年 5 月 25 日,台湾华航波音 747 - 200 空中解体。事故原因是飞机老龄化,机身后段底部结构失效,被修理补片覆盖的蒙皮边缘处有疲劳损伤,包括长 15 寸的主要贯穿裂纹和多处损伤裂纹,残余强度达临界极限。该机 1980 年在香港发生机尾触地事件后修补,但强度不足,不符合波音公司结构修理手册的规范。

5. 结构适航标准相关规定

有关飞机结构设计需要满足的适航标准有:

载荷及机动部分适航标准:CCAR § 25.321～ § 25.373,具体内容如图 4.14 所示。

疲劳评定适航标准:CCAR25.571。

结构强度部分适航标准:CCAR § 25.601～ § 25.631,具体内容如图 4.15 所示。

图 4.14　载荷及机动适航标准

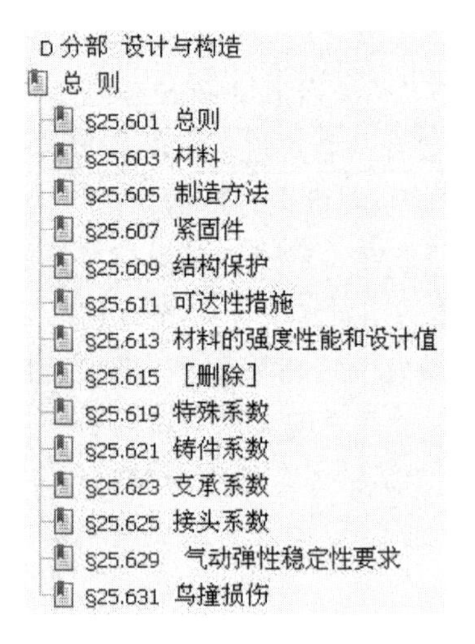

图 4.15　结构强度适航标准

4.5　飞机适航符合性验证

航空器的适航性首先是设计赋予的。为了表明航空器设计满足适航标准的要求，申请人需要运用各种方法进行适航符合性验证。

4.5.1　适航符合性验证方法与程序

适航符合性验证是民用飞机在研制和适航取证过程中所使用的专有名词，意指型号合格审查过程中，申请人（通常是设计方）采用不同验证方法，以获取的验证结果证明所验证对象是否满足适航标准的要求，评估验证对象与适用适航标准条款的符合程度。

1. 适航符合性验证方法

符合性验证方法如表 4.1 所列。在使用时，需根据适航条款的具体要求选取其中的一种或多种的组合来满足条款的要求。其中，符合性声明（MC0）、说明性文件（MC1）、航空器检查（MC7）、设备合格性（MC9）多以工程评审或检查的方式完成，一般不需要专门的验证技术；其余的 6 种方法所需的验证技术分类包括分析计算类、试验类和安全性分析类。

表 4.1　符合性验证方法

<table>
<tr><th>符合性工作</th><th>方法编码</th><th>符合性验证方法</th><th>相应的文件</th></tr>
<tr><td rowspan="4">工程评审</td><td>MC0</td><td>符合性声明
——引述型号设计文件
——公式、系数的选择
——定义</td><td>型号设计文件
符合性记录单</td></tr>
<tr><td>MC1</td><td>说明性文件</td><td>说明、图纸、技术文件</td></tr>
<tr><td>MC2</td><td>分析/计算</td><td>综合性说明和验证报告</td></tr>
<tr><td>MC3</td><td>安全评估</td><td>安全性分析</td></tr>
<tr><td rowspan="4">试验</td><td>MC4</td><td>试验室试验</td><td rowspan="4">试验任务书
试验大纲
试验报
试验结果分析</td></tr>
<tr><td>MC5</td><td>地面试验</td></tr>
<tr><td>MC6</td><td>试飞</td></tr>
<tr><td>MC8</td><td>模拟器试验</td></tr>
<tr><td>检查</td><td>MC7</td><td>航空器检查</td><td>观察/检查报告
制造符合性检查记录</td></tr>
<tr><td>设备鉴定</td><td>MC9</td><td>设备合格性</td><td>见“注”</td></tr>
<tr><td colspan="4">注：设备鉴定过程可能包括前面所有的符合性验证方法</td></tr>
</table>

分析计算类用于满足分析计算（MC2）的需要，如性能计算、载荷计算、强度计算、疲劳分析、与以往型号的相似性分析等。

试验类用于满足试验室试验（MC4）、地面试验 MC5）、飞行试验（MC6）、模拟器试验 MC8）的需要，如起落架减震试验、风洞试验、全机静力试验、全机疲劳试验、性能试飞、操纵性与稳定性试飞、飞机系统试飞等。

安全性分析类用于满足安全评估(MC3)的需要,如 FTA、FMEA、CCA 等。

(1) 符合性声明(MC0)

多用于“总则”一类的条款,通过引用型号设计文件,定性地说明型号设计符合适用的适航标准条款要求。

(2) 说明性文件(MC1)

通过向适航当局提交有关型号设计资料,由局方组织技术专家,以工程评审的形式确认有关设计是否符合适用的适航标准条款要求。

(3) 分析计算(MC2)

此类方法应用分析计算来表明相关设计符合适用的适航标准条款要求。

(4) 安全评估(MC3)

此类方法应用 FTA、FMEA 等安全性分析方法,经过 FHA、PSSA、SSA 流程对飞机系统设计的安全性进行评估,表明对于相应适航标准条款的符合性。

(5) 试验室试验(MC4)

此类方法是通过试验室试验,验证有关设计对于适用适航标准条款的符合性,试验可在零部件、分组件和完整件上进行。

(6) 地面试验(MC5)

此类方法在飞机停放于地面的状态下进行试验来表明有关设计对于适用适航标准条款要求的符合性。

(7) 飞行试验(MC6)

此类方法通过在飞机飞行中进行的试验,验证有关设计对于适用适航要求的符合性。在规章明确要求时,或用其他方法无法完全演示符合性时采用。

(8) 航空器检查(MC7)

通过局方专家在样机或飞机上进行检查的方式,验证有关设计对于适用适航要求的符合性。

(9) 模拟器试验(MC8)

此类方法是通过在工程模拟器上进行模拟试验来验证有关设计对于适用适航要求的符合性。一般不单独使用,而是配合其他方法一起使用。

(10) 设备合格性(MC9)

该方法通过向局方提交航空设备(包括材料)的合格证明文件的方式,来表明对于相应适航要求的符合性,一般用于装机设备(或材料)的符合性验证。

2. 符合性验证流程

运输类飞机适航标准(如 CCAR25、FAR25、JAR25)是民用飞机进行适航审定的基本依据。CCAR(FAR/JAR)25.1309 规定了民用飞机必须满足的设备、系统与安装方面的安全性要求,对于民机在设计过程中如何满足 CCAR(FAR/JAR)25.1309 的要求,国外已经形成了较为完善的理论体系,提出了相应的适航符合性验证流程。我国由于民机研制起步较晚,民机安全性设计落后,在适航符合性验证方面的研究才刚刚起步,现行方法大都由国外标准直接翻译而来,在实践中逐步完善。验证方法有分析类和试验类。

(1) 基于系统安全性分析的验证流程

安全类分析的目的是评估系统的安全设计对安全性需求的符合性。根据 AC25.1309 -

1B，飞机系统发生灾难性失效的概率为 1×10^{-9}/飞行小时。如此低的概率在工程上不可能采用试验的方法进行验证，只能通过分析来表明符合性。图 4.16 所示为基于系统安全性分析的验证流程。

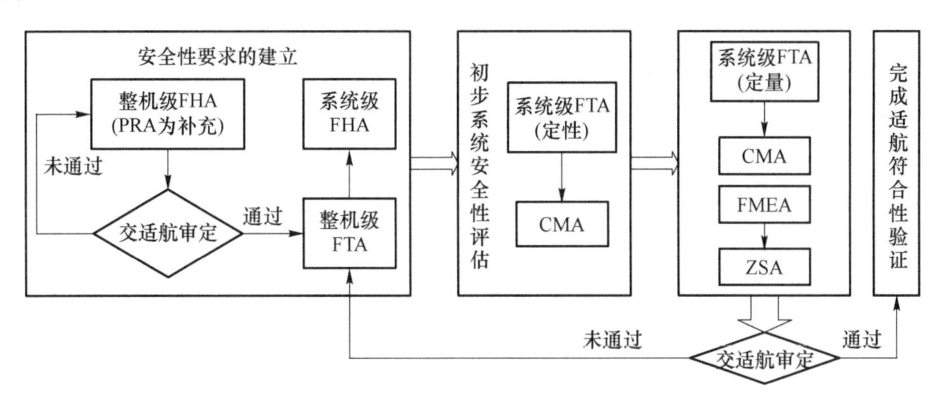

图 4.16　基于系统安全性分析的验证流程

FHA：功能危险分析

FTA：故障树分析

FMEA：故障模式影响分析

PRA：特殊风险分析

CMA：共模故障分析

ZSA：区域安全性分析

首先需要建立安全性要求，采用的分析方法有 FTA、FHA 和 PRA，并经过适航当局批准。接着进行初步系统安全性评估，采用的方法包括 FTA 和 CMA 进行定性分析。最后进行系统安全性评估，进行定量 FTA 分析、CMA、FMEA 和 ZSA，分析结果报适航当局审定，如果不满足或存在问题，则从建立安全性要求重新开始安全性分析流程的完善。

（2）验证试验的一般流程

民用飞机的设计验证可分为地面试验验证与飞行试验验证。这些验证试验一部分为研制验证，一部分为合格审定验证。验证试验流程如图 4.17 所示。

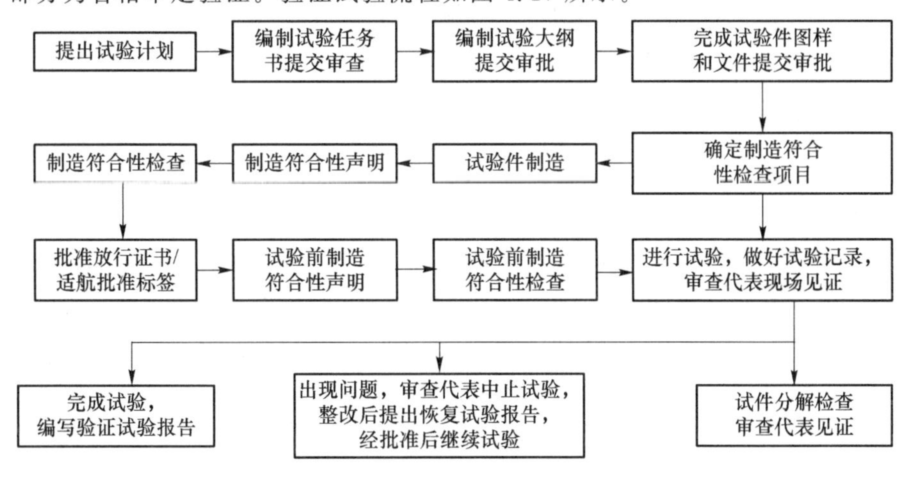

图 4.17　验证试验的一般流程

4.5.2 地面试验

民用飞机从开始研制到最后获取适航当局颁发型号合格证，其间需进行的地面试验通常分为研制试验和验证试验两大类，具体内容如表 4.2 所列。

研制试验是为获取设计原始数据、研究设计方法、考核设计技术的可靠程度而进行的试验。例如，各类风洞试验、结构零组件强度试验、光学弹性试验、系统与成品联合试验、系统模拟试验等。

验证试验是在型号合格审定过程中，向适航当局演示的用以验证型号飞机符合相应的适航标准而进行的地面试验。例如，结构静力试验、疲劳试验、起落架落震试验、全机地面共振试验等。

表 4.2 民用飞机典型的地面试验项目举例

序 号	项目名称	试验目的、要求
1	全机测力风洞试验	(1) 测量作用在全机模型上的气动力和气动力矩，用以计算相应的气动系数以及气动导数等原始数据。试验过程中气动系数与诸如风洞试验段气流马赫数 M、模型迎角 α 和侧滑角 β，各舵面偏角等参数以及诸如有尾、无尾、表面是否有人工等模型状态有关。试验中可根据需要考虑地面效应、螺旋桨滑流或发动机喷流影响 (2) 对应初步设计和详细设计阶段的该试验分别称为选型试验和定型试验 (3) 对应低速风洞高速风洞环境的该试验又分别称为低速测力试验和高速测力试验
2	测压风洞试验	(1) 取得详细的气动力载荷分布数据，用于飞机各部件的结构设计。同时通过气动压力分布情况，进一步了解气流流经机翼翼面的流动机理，完善气动力设计 (2) 根据不同试验要求，测压试验可以全机测压或局部测压。全机测压通常采用半模试验方式
3	铰链力矩 风洞试验	测定气流作用于各舵面上的铰链力矩，计算出相应舵面的铰链力矩系数。为操纵系统设计提供气动原始数据，该试验一般利用半模试验方式
4	动导数 风洞试验	在受扰动及机动飞行等动态动作时，飞机所感受的空气动力和力矩都直接影响飞机的品质。动导数试验就是在风洞中对模型进行动稳定性测定的试验。这类试验必须使模型具有角速度时方可进行，需要应用特殊装置和方法。一般是将模型装在一弹性系统上并能绕一根机体轴转动。试验时测定模型在风洞中绕该轴转动的振动波形图，通过分析波形图来计算出动稳定导数
5	流谱观察 风洞试验	采用气流折射变化或在模型表面涂液或粘贴丝线的方法观察风洞模型的边界层流动情况，同时研究流场情况。该试验通常结合测力、测压等风洞试验进行
6	进气道 风洞试验	用以测定进气道在各种工作条件下的总压恢复系数，进气道内流场的均匀性，内部与外部阻力以及喘振点和载荷分布等。该试验一般须在模拟地面条件和模拟空中飞行条件两种情况下进行
7	颤 振 风洞试验	采用质量分布和刚度与飞机相似的模型进行风洞颤振试验，用以研究飞机的颤振特性，从而完善结构设计，确保飞机具有良好的颤振特性。该试验可根据需要分别对诸如带升降舵的平尾、带调整片的方向舵和全机模型进行机翼、尾翼和操纵面颤振特性的试验

续表 2.1

序　号	项目名称	试验目的、要求
8	模型自由飞试验	利用发射或投放的方法使模型在真实的大气条件下进行飞行，并利用地面仪器和模型上的遥测装置测出飞行情况，用以进行一些弥补风洞试验的不足或模拟要求超出现有风洞试验的条件，并对其飞行特性进行研究。典型的例子是研究失速、尾旋特性的模型自由飞试验
9	仿真试验	(1) 总体论证仿真试验，为全数字仿真。以先进的技术手段支持型号先期性概念研究，在模拟的使用或营运环境下确定其功能要求或总体指标；按系统综合性能实现总体优化。对设计的不同方案，通过仿真进行对比分析评估，为决策提供依据 (2) 系统综合仿真试验，为含实物仿真。系统的部分实物(如各种传感器、机载计算机、舵面伺服机构)接人回路进行的试验。除计算机外要求有相应的物理效应设备，飞机动力学等被控对象的动态特性仍通过建立数学模型在计算机上运行。仿真必须实时运行，以验证各系统间的协调及与飞机匹配程度 (3) 人机回路仿真，在系统回路中加人操纵人员或驾驶员，要求有相应的形成人感觉环境的多种物理效应设备。飞行器飞行动力学等被控对象的动态特性仍通过数学模型在计算机上进行，以验证飞行器性能、操纵品质、回路中驾驶员的技术和素质，或对整个人机系统作出评价。它必须实时处理
10	应急撤离试验	按规定的载客人员和方法进行地面迅速撤离的应急措施演示试验，记录其全部人员安全撤离的时间，以验证客舱布置、应急舱门和应急撤离设施的适航符合性
11	静力试验	通过对结构部件或整机结构试验件进行模拟真实受载情况的试验。测定结构的强度、刚度特性，用以验证理论计算方法，完善结构设计
12	地面落震试　验	用以模拟起落架着陆受载情况并确定其寿命。进行这种试验时，要尽量考虑在实际降落中起落架并非自由落下而是受到机翼传给之升力，也要考虑并模拟机轮滑跑转动效应。该试验包括设计着陆试验、充填参数容差试验、飞机增重试验、储备能量试验等
13	疲劳试验	模拟实际中重复载荷，施加于试验件上测验其寿命并不断检查其损伤部位和损伤情况，同时改进结构设计，确定使用寿命。该试验可分为部件疲劳试验和全机疲劳试验两种
14	整体油箱试　验	对于承受撞击载荷和重复载荷的结构和部件，如机翼整体油箱，一般需进行地面试验，用以检验结构或部件在撞击载荷或重复载荷作用下的强度和结构的固有频率
15	全机共振试　验	通过全机地面共振试验，用以测定全机的振动固有频率、振型、广义质量和结构阻尼系数。需作旋转颤振分析时，应测量包括螺旋桨的发动机短舱系统的俯仰和偏航频率和振型
16	系统模拟试　验	利用数学模拟和物理模拟在实验室内研究飞机各主要机械、电气、电子系统的真实运行情况。用以完善系统设计。这些试验通常需要大型试验设备和专门的实验室，例如操纵、液压模拟试验台(铁鸟)、燃油试验台、电网络实验室等
17	光弹试验	通过光弹模型、贴片光弹、密栅云纹、散斑干涉以及电测等试验应力分析方法，用以对结构局部高应变集中区和裂纹尖端附近区域的应变位移场的设计分析方法进行必要的试验验证

续表 2.1

序　号	项目名称	试验目的、要求
18	损伤容限试　验	通过给出检验周期或允许的最大初始损伤，用以防止由于未被发现的缺陷或损伤的扩展造成结构使用寿命期内出现灾难性疲劳破坏事故。损伤容限试验包括裂纹缓慢扩展寿命试验和剩余强度试验
19	前起落架摆振试验	通过旋转的飞轮装置实现无级调速，用激活装置给前起落架以外界干扰。用以验证前起落架结构和系统在整个起飞着陆速度范围内的各级载荷下的稳定性
20	刚度试验	通过测量操纵系统的刚度和机体的弯曲刚度、扭转刚度、刚心位置或柔性影响系数，用以测定飞机结构抵抗外力引起变形的能力，提供飞行结构颤振计算使用，以完善结构设计

4.5.3　试飞验证

民用飞机在研制和型号合格审定过程中通常有研制试飞和型号合格审定试飞两大类。

研制试飞为民用飞机型号合格申请人对所设计的型号飞机进行飞行性能和使用安全性的试飞，包括首飞、扩大包线飞行和一部分适航标准符合性的试飞，以考核型号飞机是否达到原定的设计性能指标，并向适航当局表明，飞行使用安全，可以进行型号合格审定试飞。研制试飞由型号研制部门负责进行，适航当局一般不介入。试飞中可能暴露设计问题从而需改进设计。研制试飞的结果将提交适航当局审查，作为适航当局对该型号飞机颁发“型号检查核准书”(TIA)的重要依据。

型号合格审定试飞为由适航当局负责进行的并检查型号飞机对于适航标准符合性的试飞。型号合格审定试飞必须经型号合格审查委员会讨论决定，其飞行任务必须由适航当局的或受其委托的试飞员承担。试飞中，型号合格审查代表必须进行试飞检查或到现场观察试飞验证工作。

试飞验证按照验证的性能不同包括空气动力学与飞行力学试飞、推进与燃油系统试飞、飞行管理与航空电子系统试飞、机械、冷气、液压和电气系统试飞和其他类型试飞。空气动力学和飞行力学试飞科目包括飞机性能、操纵性和稳定性及其他飞行要求，具体内容分别如表 4.3、表 4.4 和表 4.5 所列。推进与燃油系统试飞科目包括发动机和进气道性能发动机工作特性、发动机安装效应、反推力装置审定、其他动力装置系统和飞机燃油系统。飞行管理与航空电子系统试飞科目包括自动飞行控制系统、飞行管理计算机系统、大气数据系统、咨询系统、发动机指示和机组人员警告系统、驾驶舱仪表、电子飞行仪表、惯性基准系统、导航系统、通信系统和飞行数据记录系统等组成部分。机械、冷气、液压和电气系统试飞包括机械、冷气和液压系统和电气系统验证。

表 4.3　飞机性能

	序号	飞行试验项目	验证 CCA 条款	主要要求
飞机性能	(1)	总静压系统和总温系统校准	25.1323 空速指示系统 25.1325 静压系统	在飞机的速度、高度、温度和总重的包线范围内，对飞机正常的和备用的高度、速度系统和总温系统进行校准，并确定襟翼位置、起落架位置、侧滑角、高度、重量等对静压校准的影响
	(2)	失速速度	25.103 失速速度 25.207 失速警告	确定飞机的巡航、起飞和着陆形态下的失速速度和初始抖振速度，并确定总重、进人率及推力等对失速速度的影响。试验重心为重心前限
	(3)	最小离地速度	25.107 起飞速度	确定飞机在尾部触地姿态或最大允许姿态时能够离地的最小速度，并要求以重心前限、各种起飞襟翼位置及全部发动机都工作和一发不工作时的整个推重比范围进行试验
	(4)	起飞性能	25.105 起飞 25.113 起飞距离和起飞滑跑距离 25.107 起飞速度 25.115 起飞飞行航迹 25.111 起飞航迹 25.121 爬升:单发停车	对每种起飞形态，以重心前限和选定的起飞重址、推重比(相应于全部发动机工作和一发不工作的整个推重比范围)确定起飞速度(包括抬前轮速度、离地速度、最小起飞安全速度等)、起飞距离和上升到 10.7 m 的飞行航迹。并要求确定迅速抬前轮速度及以(V_R-10)和(V_R-20)(km/h)的速度抬前轮时的起飞场长和起飞速度
	(5)	起飞加速	25.113 起飞距离和起飞滑跑距离	通过测定各种起飞状态下的起飞加速参数，即考虑地面效应时的滚动摩擦系数、升力和阻力等，进而求得起飞距离和起飞滑跑距离
	(6)	中断起飞性能	25.109 加速——停止距离 25.105 起飞	要求在整个总重——动能范围内，分别以防滑装置工作和不工作，确定中断起飞过渡段和制动段的性能，进而求得中断起飞距离和起飞场长。应以重心前限进行试验
	(7)	平飞和爬升性能	25.117 爬升:一般要求 25.111 起飞航迹 25.119 着陆爬升:全发工作 25.115 起飞飞行航迹 25.121 爬升:单发停车 25.1587 性能资料	要求通过试飞验证飞机各个飞行阶段的爬升梯度及飞行航迹数据满足要求。该项目包含三方面的试验内容:通过全部发动机都工作，确定以不同的高度、速度进行稳定平飞时的阻力;通过一发停车稳定平飞，确定偏航阻力;通过检验爬升，确定爬升梯度能力和验证计算出的爬升梯度。试验状态为:重心在前限，襟翼位置、起落架位置、重量、发动机状态、高度、速度等按各飞行阶段的具体要求选定
	(8)	着陆性能	25.125 着陆	确定从 15 m 高到飞机完全停住的着陆距离。试验状态为:重心为前限，重量和襟翼位置按要求选定，防滑装置工作和不工作，目标进场速度为 $1.3V_{SO}$，航迹角为 $-3°$，接地后打开地面扰流板
	(9)	自动刹车停止距离	25.1301 功能和安装	通过确定相应于每个自动刹车系统位置时的停止距离，为飞机飞行手册提供数据

表 4.4 操纵性和稳定性

	序号	飞行试验项目	验证 CCAR 条款	主要要求
操纵性和稳定性	(1)	纵向操纵	25.143 总则 25.145 纵向操纵	验证飞机在所有飞行状态的纵向操纵性和机动性，并要求演示在推力变化、速度变化、放下襟翼、收上襟翼及打开减速板过程中的单手操纵性(操纵力≤200 N)
	(2)	航向和横向操纵	25.147 航向和横向操纵	验证飞机在各种起飞、巡航和着陆形态下的航向和横向操纵性，包括：在一发不工作情况下及偏航阻尼器工作和不工作情况下，以机翼近似水平向两个方向突然改变航向时的操纵性；向着与不工作发动机相同和相反方向进行20°坡度转弯时的操纵性；在偏航阻尼器工作和不工作情况下从一侧向另一侧滚转中的滚转性能
	(3)	最小操纵速度	25.149 最小操纵速度	验证飞机在临界发动机不工作情况下的最小操纵速度，包括地面最小操纵速度 V_{MCG}、空中最小操纵速度 V_{MCA} 和着陆进场最小操纵速度 V_{MCL}，并要求演示动态最小操纵速度 V_{MC}
	(4)	配平特性	25.161 配平	验证各种飞行状态时飞机的松杆纵向、横向和航向配平特性，包括验证起飞时的安定面调定和演示误配平起飞，并演示配平系统能令人满意的工作
	(5)	纵向静稳定性	25.171 总则 25.175 纵向静稳定性 25.173 纵向静稳定性	验证飞机在爬升、巡航、进场和着陆形态下的纵向静稳定性，应表明飞机至少具有 $1.5\ N/m \cdot s^{-1}$ 的杆力梯度，并演示飞机回到配平速度时的自由回复摩擦效应，重心应位于后限
	(6)	航向和横向静稳定性	25.171 总则 25.177 航向和横向静稳定性	在飞机正常飞行的速度和高度范围内，验证各种襟翼位置时的航向和横向静稳定性特性
	(7)	纵向、航向和横向动稳定性	25.181 动稳定性	验证飞机在各种高度和形态情况下的纵向、航向和横向动稳定性特性，测定短周期瞬变过程和阻尼，并在方向脚蹬松浮及偏航阻尼器接通和断开情况下演示阻尼特性
	(8)	失速特性	25.21 证明符合性的若干规定 25.205 失速：临界发动机停车 25.201 失速演示 25.207 失速替告 25.203 失速特性	通过试飞，验证符合适航标准关于失速演示、失速特性和失速警告等条款的要求。失速特性必须以所有可能的襟翼和起落架位置的组合、有代表性的重量及最不利的重心位置，带动力($1.6V_S$ 相应的功率)和无动力(慢车)，在水平直线飞行、30°坡度转弯和临界发动机不工作情况下进行演示
	(9)	地面操纵特性	25.231 纵向稳定性和操纵性 25.235 滑行条件 25.233 航向稳定性和操纵性 25.237 风速	验证飞机在地面的纵向和航向操纵特性。试验中，定性演示在跑道上和滑行道上的操纵性

续表 4.4

	序号	飞行试验项目	验证 CCAR 条款	主要要求
操纵性和稳定性	(10)	偏航阻尼器验证	25.672 增稳系统及自动和带动力的操纵系统 25.1309 设备、系统及安装 25.1301 功能和安装 25.1431 电子设备	验证偏航阻尼器的性能和故障安全响应能力及与其他系统无干扰。以飞机飞行包线内有代表性的速度和高度进行偏航阻尼器的性能验证，并通过模拟偏航阻尼器失控和恢复来进行故障安全性验证
	(11)	马赫数/空速配平系统验证	25.672 增稳系统及自动和带动力的操纵系统	验证马赫数/空速配平系统的正常工作功能及其对模拟故障的响应，并验证与其他系统无干扰
	(12)	自动前缘缝襟系统验证	25.207 失速警告 25.1309 设备、系统和安装 25.1301 功能和安装	验证自动前缘缝襟系统正常工作功能，且与其他系统无干扰。应以正常状态和故障状态进行试飞验证
	(13)	高升力系统验证	25.672 增稳系统及自动和带动力的操纵系统 25.1301 设备、系统和安装 25.697 升力和阻力装置及其操纵器件	验证高升力系统能令人满意地工作，且与其他系统无干扰
	(14)	自动减速板系统验证	25.672 增稳系统及自动和带动力的操纵系统 25.1301 设备、系统和安装 25.697 升力和阻力装置及其操纵器件	验证自动减速板系统能令人满意地工作，且与其他系统无干扰

表 4.5　其他飞行要求

	序号	飞行试验项目	验证 CCAR 条款	主要要求
其他飞行要求	(1)	振动和抖振特性	25.251 振动与抖振	验证飞机在飞行包线范围内没有影响飞行安全的振动和抖动特性,并确定飞机的抖振边界
	(2)	高速特性	25.253 高速特性	验证飞机离开原飞行状态时的速度增加和恢复特性,以及可能引起的无意增速特性。需要模拟的状态有:纵向突风颠倾;横侧突风颠倾;无意的操纵移动;M_D/V_D 俯冲中的恢复特性
	(3)	操纵系统故障	25.21 证明符合性的若干规定 25.672 增稳系数及自动和带动力的操纵系统 25.671(操纵系统)总则	验证飞机在各式各样的操纵系统不工作或模拟故障情况下能够安全飞行和着陆。被模拟的故障包括:安定面卡阻;不对称前缘缝襟故障;不对称后缘襟翼故障;液压系统故障;升降舵感觉系统故障;安定面失控等
	(4)	机动能力(包括失配平)	25.255 失速配特性	验证飞机在配平状态和在使用中合理预期可能出现的失配平状态时的机动能力和稳定性特性
	(5)	模拟冰形对操纵性稳定性的影响	25.1419 防冰	验证飞机在机翼非加热区和尾翼前缘表面装有模拟冰形情况下的操稳特性,包括飞机机动性和操纵特性的定性检查、全失速、稳定侧滑、速度特性及模拟一发不工作情况下的飞行,重心为前重心和后重心
	(6)	侧风起飞和着陆	25.231 纵向稳定性和操纵性(a) 25.237 风速(a) 25.233 航向稳定性和操纵性	在偏航阻尼器工作和不工作情况下,验证飞机在严重侧风(目标侧风:30 kn~15.4 m/s)时的起飞和着陆特性,并在着陆过程中评定反推力装置的影响
	(7)	反推力装置故障	25.933 反推力系统	验证飞机在使用一侧反推力装置情况下,飞机能继续安全飞行着陆,及确定能够保持最大不对称反推力的最小速度
	(8)	模拟冰形对飞机J性能的影响	25.1419 防冰	验证飞机在机翼非加热区和尾翼前缘表面装有模拟冰形情况下的飞行性能,确定各种襟翼位置时模拟冰形引起的阻力增量

4.5.4　适航验证相关案例

1. 中国商飞 ARJ21－700“凤翔”[①]

2014 年 12 月 30 日,中国民用航空局(CAAC)在北京向中国商飞公司颁发 ARJ21－700 飞机型号合格证。这标志着我国首款按照国际标准自主研制的喷气支线客机通过中国民航局

① “ARJ21 大事记”,《大飞机》杂志,2015(01):8－13.

适航审定，符合《中国民用航空规章》第 25 部《运输类飞机适航标准》(CCAR-25-R3)要求，具备可接受安全水平，可以参与民用航空运输活动。ARJ21-700 于 2012 年 2 月 13 日启动适航验证试飞，共 5 架飞机参加试航取证工作，完成了颤振、失速、最小离地速度、大侧风验证试飞、自动飞行调参试飞、自然结冰验证试飞、空速校准验证试飞、高原、高寒、高温等试飞验证试验。

ARJ21-700 机型于 2001 年启动，2002 年立项，2003 申请 TC 取证，2008 年 11 月 28 日首飞。原计划 2011 年完成适航取证并交付，实际上 2012 才正式启动审定试飞，2014 年 12 月 30 日完成取证工作。ARJ21 适航取证大事记：

① 2002.4.3，新型涡扇支线飞机项目正式立项；

② 2003.1，向 CAAC 提出 TC 取证申请，3 月份受理；

③ 2003.9.25，ARJ21 首次型号合格审查委员会(TCB)会议；

④ 2003.11.6，国防科工委召开 ARJ21 项目预发展阶段评审会，评审认为项目基本完成了预发展阶段研制，可转入工程展阶段；

⑤ 2003.12.20，中航商飞举行开工仪式；

⑥ 2004.5.31，首批结构图纸电子数据实现网络协同传输；

⑦ 2005.11.7，CAAC 成立型号合格审定领导小组，杨元局长任组长；

⑧ 2005.12.31，中航 603 所完成全部飞机结构图纸的发放；

⑨ 2006.1.22，中航 603 所完成了全部飞机系统图纸的发放；

⑩ 2006.1.26，中航一集团召开 ARJ21 申请 FAA 型号合格证专题会议；

⑪ 2006.5.31，国防科工委召开审查会议，同意 ARJ21 从详细设计阶段转入全面试制阶段；

⑫ 2006.7.25，CAAC 在上海成立 ARJ21 型号合格审定组现场办公室；

⑬ 2006.9.9，首架前机身部件在西飞交付；

⑭ 2006.11.4，航空电子系统综合试验启动，全机系统综合试验拉开序幕；

⑮ 2006.11.23，首架发动机吊挂在沈飞提前交付；

⑯ 2006.12.4，中航商飞与法国 SAGEM 公司签订驾驶舱控制系统协议；

⑰ 2006.12.20，首架机头在成飞交付；

⑱ 2007.6.28，首架试飞机(101 架机)正式进入全机对接阶段；

⑲ 2007.12.20，101 架机按计划如期完成总装；

⑳ 2008.5.11，ARJ21 改由中国商飞负责(中航商飞从中航工业划入中国商飞)；

㉑ 2008.11.28，101 架机成功首飞；

㉒ 2009.7.1，102 架机在上海成功首飞；

㉓ 2009.7.15，101 架机从上海转场至西安，完成首次跨省市飞行；

㉔ 2009.9.12，103 架机在上海成功首飞，共飞行 56 min；

㉕ 2009.12.30，进行第一次鸟撞试验；

㉖ 2010.1.24，在内蒙海拉尔机场完成高寒试验；

㉗ 2010.4.13，104 架机在上海成功首飞；

㉘ 2010.5.31,102 架机在甘肃完成大侧风环境研制试飞;

㉙ 2010.6.28,101 架机在西安完成全机稳定俯仰 2.5g 极限载荷静力试验;

㉚ 2010.8.2,103 架机在三亚完成高温高湿环境研制试飞;

㉛ 2011.4.9,全机静力试验全面完成;

㉜ 2011.8.3,在西安完成颤振研制试飞;

㉝ 2012.6.28,在西安完成发动机进气道溅水试验;

㉞ 2012.2.24,CAAC 为 ARJ21 颁发型号检查核准书(TIA),授权上海航空器适航审定中心试飞工作小组完成具体局方审定试飞任务。全面进入局方审定试飞阶段;

㉟ 2012.4.23,102 架机成功完成局方审定大侧风试验试飞;

㊱ 2013.1,101 架机启动性能、操稳科目大强度试飞,完成过载杆力梯度、加速停止距离、防滑失效、地面最小操纵速度等风险科目试飞;

㊲ 2013.5.13,101 架机完成国内首次最小离地速度试飞;

㊳ 2013.6.18,105 架机在上海完成首飞;

㊴ 2013.6.25,在青海格尔木机场完成高原试飞;

㊵ 2013.9.3,102 架机在西安完成发动机空中起动试飞;

㊶ 2014.4.28,104 架机在北美完成自然结冰试验试飞后,返回西安;

㊷ 2014.9.29,102 架机转场开展高温补充试验试飞;

㊸ 2014.10.21,103 架机完成全机排液试验;

㊹ 2014.12.16,105 架机完成功能和可靠性试飞,完成了 ARJ21 全部的局方审定试飞科目;

㊺ 2014.12.26,型号合格审定委员会(TCB)末次会议同意颁发型号合格证;

㊻ 2014.12.30,在中国民航管理干部学院举行颁证仪式,正式取得型号合格证;

㊼ 2015 年 11 月 29 日交付成都航空。

ARJ21 - 700 共有 5 驾参加了验证飞行试验,任务分工如表 4.6 所列。

表 4.6 ARJ21 原型机试飞科目

机 号	主要试飞科目
101 架机	基本飞行品质、操纵性能试飞颤振试飞、失速试飞
102 架机	大侧风、高寒试飞、高原试飞机载系统测试、发动机性能试飞
103 架机	高温高湿试飞、高寒试飞、自动飞行调参试飞
104 架机	干空气防除冰试飞、自然结冰试、飞机载系统测试
105 架机	功能和可靠性试飞、航线验证试飞

2. 空客 A380 原型机主要试飞科目

空客 A380 原型机适航认证累计 19 个月,飞行 1995 架次、2 900 多飞行小时,共进行 800 多个试飞科目。空客 A380 各架机适航认证的任务分工如表 4.7 所列。

表 4.7　空客 A380 原型机主要试飞科目

机　号	发动机	主要试飞科目
MSN001	瑞达 900	基本操纵性评估、拓展飞行包线 操纵品质试飞、结构静力试验 系统发展与认证(256 次失速试飞)
MSN002	瑞达 900	客舱和货舱系统的发展与认证 远程飞行试验、低温地区试飞 机场兼容性试验
MSN003	瑞达 900	爬升和巡航性能测试、推进系统发展和认证 高温、低温、高海拔地区试飞
MSN004	瑞达 900	客舱和货舱系统的发展与认证 航线验证试飞(21 国、穿越南北极)
MSN005	GP7200	GP7200 发动机的发展与认证 低温/高海拔地区试飞

3. 波音 787 原型机主要试飞科目

波音 787 原型机累计适航认证共 20 个月，飞行 1155 架次，3056 飞行小时。波音 787 各架机适航认证的任务分工如表 4.8 所列。

表 4.8　波音 787 原型机主要试飞科目

机　号	发动机	主要试飞科目
ZA001	瑞达 1000	基本飞行品质试飞、操纵性能试飞、颤振试飞 瑞达 1000 发动机试飞、起降性能试飞、人工模拟结冰试飞
ZA002	瑞达 1000	瑞达 1000 发动机试飞、机载系统测试、自然结冰试飞 燃油系统试验、防雷击试验
ZA003	瑞达 1000	客舱和驾驶舱功能认证、客舱噪声测试、客舱紧急疏散试验 客舱强电磁场辐射试验、航电系统试飞
ZA004	瑞达 1000	高速试飞、远距离耐久性试飞 经济性评估试飞、结构强度和载荷试飞
ZA005	GEnx－1B	GEnx－1B 发动机性能试飞、自然结冰试飞、机载系统试飞
ZA006	GEnx－1B	GEnx－1B 发动机振动和噪声强度测试
ZA102	GEnx－1B	系统功能和可靠性试飞

本章思考题

1. 适航标准的特点是什么?
2. 简述持续适航的三方责任。
3. 简述适航符合性验证方法及其内容。

第 5 章　飞机安全性设计

5.1　飞机安全性概述

5.1.1　安全性的概念

1. 安全性

安全性有两种解释:(1) 产品所具有的不导致人员伤亡、系统毁坏、重大财产损失或不危及人员健康和环境的能力(GJB451A－2005);(2) 不发生事故的能力(GJB900－90)。

安全性受到无知、熟知、外因作用、代价与便利、风险频度、风险控制和利益关系等多种因素的综合影响。安全性取决于系统的设计、制造、管理以及使用过程中对生命、财产与环境所带来的安全影响程度。安全性是一种风险低于边界风险的状态,边界风险即为可接受风险的上限。

安全事关生命、财产,环境等损失和破坏,一旦发生问题将会产生不可估量的后果,因此安全至上的观念成为社会各界的共识。但安全不是绝对的无事故,凡是系统的安全性,无一例外,都是在潜在事故风险及其严重性、需求性能与响应时间、设计限制、产品全生命周期内对系统的维护成本和历史上人类社会对特定领域风险的认知几个相关方面之间权衡的结果。只有在权衡上述几个方面的基础上,才能提出可行的解决方案。因此,美国 FAA 对安全的定义是:“安全是将所有人类行为中危险的可能性和严重性转化得更低或更能接受的水平”。

2. 安全性分类

安全性被分为存在相互叠加关系的三类,即功能安全性、操作安全性和物理安全性,如图 5.1 所示。

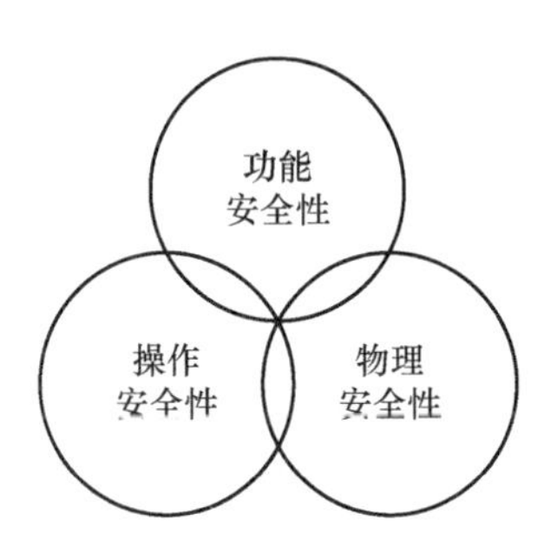

图 5.1　安全性分类

功能安全性是整体安全性的一部分,取决于系统或设备按其输入而能正确的运行的能力。功能安全性关注的是由于设计功能丧失、故障、响应时间与精度等引起的功能性危害。应该明确的是,系统在一种场合可能是安全的,而在另一种场合则有可能是不安全的。因此,功能安全性与系统功能及其可靠性紧密相关。

操作安全性相关的问题多种多样,它们都直接与所承担的任务有关(如不同的作战任务、携带失效系统飞行、改变维护要求等)。

物理安全性与系统中部件的物理特性密切相关,一般可直接通过检验系统和运行环境确定。物理安全性通常受规定的健康与安全性法律的制约。

3. 危险与安全

危险与安全是一对相反的状态,危险是指可能导致事故的状态,安全是免于可能造成死亡、伤害、职业病,设备或财产的损失以及对环境的危害的状态或情况。事故由危险造成,但安全不是绝对无事故,而是事故的发生概率在民众可接受的范围内。

4. 危险与致因

危险意味着可能将要发生事故,是一种威胁到人员安全的物理状态,是有可能造成人身伤害、财产或环境损坏的情况。危险致因是造成危险或者有害条件的事件原因,包括内部因素和外部因素。

5. 事故与事件

事故是有可能造成死亡、环境损害或者材料损害的非预期事件或者事件序列,事件是一种非期望结果而非起源或者任何中间状态。

6. 危险识别

事故的发生往往由危险因素导致,因此必须对危险因素进行分析识别。危险因素包括内在危险因素和外在危险因素。内在危险因素由系统内因造成,包括系统故障、物理危险、功能故障和人为故障。外在危险因素由系统外部影响造成,比如天气等物理原因、其他飞机或者人为的破坏、劫机等。

危险是一种状态,当一个系统处于危险状态时,一旦危险因素出现,会触发系统发生状态转换,导致事故发生。因此,危险和事故是事故发生前和发生后的两个状态。常见的状态转移过程是从正常状态转变到危险状态,进而被触发导致事故发生。在状态的转换过程中,存在一个临界状态,超过临界点之后,危险演变为事故的趋势将不可逆,演变过程如图 5.2 所示。

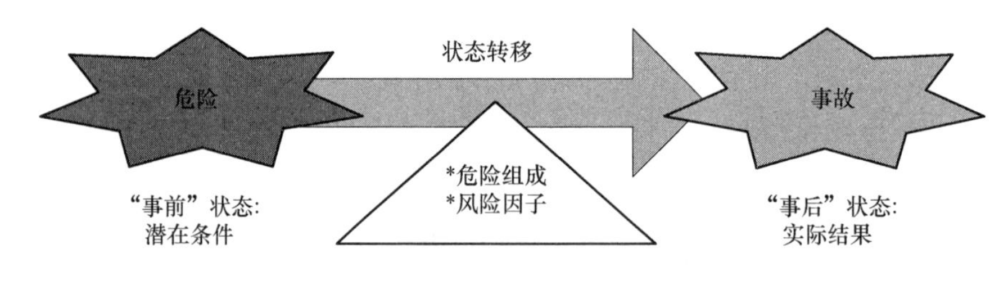

图 5.2 危险与事故的转化

5.1.2 飞机安全性

1. 飞行安全

飞行安全是飞机在飞行期间连续的保持保证完成飞行任务而无飞行事故的系统和设备处于能工作状态的一种特性,也指在系统故障、操作错误及外部作用下,能防止事故发生并保证机上人员安全的各种特性之总和。

首先,飞行安全具有综合性的特性。飞行安全受纵多因素的影响,包含机组成员、飞机状态、地面保障、空中交通管制、飞行环境等诸多因素。

其次,飞行安全具有系统性的特性。飞行安全必须在“系统级”进行控制,并非只是单个部件的可靠性。在飞机系统正常的情况下各部件仍可能存在潜在的危害。

民用飞机设计必须满足民用航空规章和型号研制目标中规定的安全性要求,在研制过程的各阶段的主要工作节点均应进行安全性评定和审查,以确保飞机的安全性设计满足要求。

2. 飞机安全性与适航的关系

安全性是飞机的一种固有属性。不同类型的飞机有不同的固有安全性水平,可通过定量指标衡量。安全性与飞机的其他性能属性处于同等地位。飞机最终能达到何种程度的安全性水平,不是由适航要求所决定的,而是由实际的设计和制造所赋予的。但是需要明确的是,飞机的安全性水平不能低于适航要求的安全性水平。

适航并不等同于安全性。适航是最低的安全性要求,在确保安全的情况下,该标准是最基本的要求,不追求过高的安全余度,满足该标准的经济负担最轻。适航标准强调的是以往的经验和标准,而不是分析与预测。适航标准是一个有限的集合,并不能涵盖所有的安全性问题。适航是表明对一些标准和要求的符合性,这些标准和要求是为飞机的设计和制造能达到一定的安全性水平而设定的。飞机存在“适航”或“不适航”的说法,但不存在“适航水平高低”的概念。

5.2　飞机安全性技术的发展

5.2.1　飞机安全性技术发展阶段

飞机安全性技术的发展随着航空技术的发展和科学技术水平的进步在不断进步和完善,可划分为 4 个阶段:事故调查阶段、事故预防阶段、系统安全阶段和综合预防阶段。

1. 事故调查阶段

20 世纪二十年代,随着飞行事故增多,飞行安全开始受到公众关注,军方开始调查、记录、统计飞行事故。20 世纪三十年代,成立航空事故调查组和飞行安全机构专门负责飞行事故的原因调查。该阶段的安全性技术的特点是侧重于事故的原因分析,属于事后型。

2. 事故预防阶段

20 世纪四十年代,飞行安全开始由事故调查转向事故预防,主体特征是“亡羊补牢”的模式,突出表现为“头痛医头、脚痛医脚,就事论事”的对策方式。

事故预防阶段的特点是不断完善事故调查、报告和分析研究方法,找出引发事故的共同原因,采取纠正措施防止再次发生。事故预防阶段强调在飞机和系统的设计和制造中考虑安全问题。

事故预防阶段采取的预防措施有加强飞行安全研究和技术检查工作、制定各种安全规章和条例和开展安全培训和执行标准化。

3. 系统安全阶段

20 世纪六十年代形成“系统安全”的观念,以航空器安全系统为研究对象,建立了人、物、能量、信息等安全系统要素体系。该阶段侧重于系统安全设计和安全管理规划，强调主动、协调、综合、全面的方法论，确立了系统本质安全的目标，提出了系统自组织思路，重视安全文化的作用，确立了“安全发展”、“系统预防”的科学观，尊重生命的情感观，安全效益的经济观，人、物、能量、信息合一的系统观和安全文化的力量观等安全观念。该阶段强调发展应用自组织、自适应、自动控制与闭锁等安全技术提高装备的本质安全，主张从安全系统整体出发，发展安全系统论、安全控制论和安全信息论等现代安全理论，全面、系统、综合地发展安全科学。

由于事故的主要原因是由于设计阶段缺乏系统层级的安全性分析和设计，因此，该阶段系统安全工作贯穿于设计、生产、试验、使用等各阶段。安全工作的内容包含在各个阶段的工作内容之中，比如制定安全大纲、确定安全性设计要求、开展安全性设计和验证、进行系统安全培训等。

4. 综合预防阶段

该阶段开始于20世纪八十年代中期，安全工作侧重于系统安全以外的综合预防，通过综合运用人为因素分析、软件安全性、风险管理和定量风险评估等先进技术，从飞行器故障、人为因素、设备硬件和软件、安全性设计与风险管理以及定性分析与定量风险评估等各方面进行综合预防。

5.2.2 飞机技术发展历程

自从1903年12月17日莱特兄弟设计的“飞行者1号”飞机试飞成功，航空发展一百多年来因飞行事故坠毁了数以十万计的飞机，付出了无数的生命代价。1908—1914年，平均每飞行60～100 h发生一起严重事故。1914—1918年(第一次世界大战)期间，参战国共生产出18多万架军用飞机，事故损失是战损的3倍多。1939—1945年(第二次世界大战)期间，参战国共生产出约100万架军用飞机，事故损失是战损的1.1倍多。针对飞行事故原因展开调查，促进了飞机设计技术的进步。飞机设计技术涉及的领域非常广，下文列举部分领域的技术发展情况。

1. 强度设计

自1908年9月17日至1911年2月9日，全世界共发生34起严重飞行事故，死亡37人，其中由于飞机某一部分结构损坏导致的严重飞行事故发生11起，发动机故障导致1起。当时影响飞行安全的主要原因是飞机的结构强度。当时的飞机结构一般为杠杆焊接骨架加布或木制的蒙皮。因此，为提高飞行安全水平，有效的措施是采用提高飞机局部的设计强度来解决这类问题。

2. 颤　振

随着飞机的飞行速度和性能的提高，由于气动弹性问题导致的飞行事故增多。20世纪30年代，英国蛾式歼击机连续发生9次在大速度时空中解体事故，原因是高亚声速时机翼发生颤振。四十年代，英国台风歼击机在3年间发生20起空中解体事故，原因为由升降舵振动引起水平尾翼颤振。

颤振是气动弹性力学问题，指弹性结构在均匀气流中由于受到气动力、弹性力和惯性力的耦合作用而发生的振幅不衰减的自激振动。当气流速度跨越颤振临界速度时，振动开始发散，导致结构解体。针对颤振问题，设计人员提出了气动弹性优化设计和主动颤振抑制技术。气动弹性优化设计通过将结构加粗、质量加大、改变材料、增大刚度，改变外挂物的挂点及连接刚度来实现颤振抑制。主动颤振抑制就是指用合适的控制气动操纵面的运动以达到避免颤振的目的，在机翼上安装适当操纵面，并协调偏转这些操纵面产生气动力，以抵消由于振动变形所产生的气动力。

3. 疲　劳

随着飞机新结构形式和高强度材料的采用，提高了飞机的结构强度，但不少静强度足够的飞机，在使用中相继发生事故。1952 年 10 月—1954 年 4 月间，最早投入使用的喷气式客机英国“慧星”客机先后发生 8 起飞行事故。后经机身水槽疲劳试验，发现事故原因是机身结构在高空发生疲劳断裂，是飞机的机身金属疲劳导致飞机空中解体。

飞机结构在飞行过程中除了承受静载荷外，还会承受周期性的交变载荷，如图 5.3 所示，金属材料在持久交变应力作用下产生细小裂纹，扩散后导致材料破坏，甚至飞机解体，严重影响飞行安全。这种因循环应力或交变应力而使材料抵抗裂纹扩展和断裂能力减弱的现象，称为疲劳。

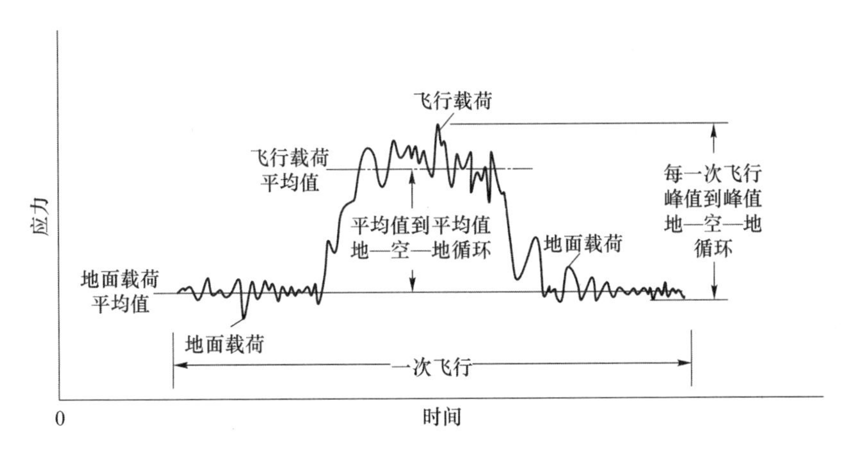

图 5.3　一次飞行的交变载荷谱

彗星号飞机空难原因查明之后，大量的分析研究表明，飞机设计在静强度和刚度满足的基础上，必须引入抗疲劳的安全寿命设计。因此抗金属疲劳概念引入了飞机设计，新的飞机设计规范要求飞机必须确定其整机疲劳寿命，并且要求实行整机疲劳试验制度，用试验来进一步证明设计的符合性。

4. 声　障

20 世纪四十年代，活塞式发动机在俯冲时速度接近声速，此时飞机会发生剧烈的抖振，几近失控，抖动剧烈时飞机结构有可能解体而发生飞行事故。四十年代末，在突破声速的试飞中发生了多起飞机解体事故。1949 年苏联“米格 17”歼击机的第一架样机在大速度俯冲时意外坠毁。与此同时，法国的“神秘”式歼击机空中解体，美国“天光”式飞机在试图超声速时失事。

在飞机发展的道路上，激波阻力曾经成为巨大的障碍，被称为声障。研究发现，当飞行器速度接近声速时，会追上自己发出的声波造成震波，阻力剧增，产生强烈的振荡，速度衰减。随着对声障的机理研究，为了解决超声速飞行的阻力问题，飞机的外形设计发生了改变，超声速空气动力学理论得到发展，产生了一些超声速的飞机外形，比如小展弦比、大后掠角、三角翼、薄机翼等。

5. 失速尾旋

1966—1970 年 5 年间，美国空军因进入尾旋而坠毁 226 架飞机。20 世纪 60 年代初投产的 F-4“鬼怪式”战斗机，到 1972 年底因尾旋事故已坠毁 170 架。1974 年至 1976 年，美国民用飞机也发生了 723 起尾旋事故。

当飞机的飞行迎角超过临界迎角并持续失速的状态下，沿着一条小半径的螺旋线航迹一面旋转、一面急剧下降，并同时绕滚转、俯仰、偏航三轴不断旋转。

为解决失速尾旋问题，新设计的飞机广泛采用翼身融合体和失速特性较好的翼型，以提高舵面效率。同时，采用主动控制技术，在飞机上加装失速迎角传感器。改进设计后，20 世纪 70 年代末投产的 F-16 战斗机号称从未发生过尾旋事故，俄罗斯苏-27 飞机进行迎角超过 110°的“眼镜蛇机动”飞行而未进入失速尾旋。

6. 损伤容限

1977 年，一架使用 5 万小时的波音 707-300 型客机因水平尾翼折断而坠毁，断口显示出明显的疲劳断裂区，事后检查同型其他飞机，发现 33 架有同样裂纹存在。事故表明，疲劳寿命和“破损-安全”概念还不能保证飞机的飞行安全，由此提出损伤容限设计要求。损伤容限是指，任何结构材料内部都有来自加工及使用过程的缺陷，设计者应利用各种损伤理论（如断裂力学）以及给定的外载荷，通过设计方法把这些缺陷、裂纹和损伤在规定的未修理的使用期限内的扩展速度控制在一定的范围内，以保证结构的剩余强度。当扩展到可能削弱零部件的正常功能时，结合无损探伤技术和疲劳理论，损伤容限设计应提供结构的检验期限，以保证结构中存在的裂纹在该期限内不会扩展为临界裂纹，可以满足达到的使用寿命，使飞机处于良好的安全状态。

7. 发动机

（1）发展历程

发动机作为飞机的核心组成部分，其性能对飞行影响巨大。飞机发动机的发展经历了从活塞发动机到燃气涡轮发动机两个阶段。

二战期间，活塞发动机在技术方面取得了巨大的发展，发动机的性能和效率得到很大的提升。单机功率从开始的不到 10 kW 最终发展到 2 500 kW，翻修寿命从 50 h 延长到 3 000 h。安装活塞发动机的飞机的飞行速度 16 km/h 提升到接近 800 km/h，飞行高度达到 4 500 m。

燃气涡轮发动机包括涡喷发动机、涡扇发动机、涡桨发动机及涡轴发动机。燃气涡轮发动机经历了推重比从 2 提高到 10、推力从 0.5 T 提高到 50 T、噪声下降 20 dB 的发展历程。同时，燃气涡轮发动机耐久性得到大大提高，机上寿命达到 20 000 h 或者日历年 10 年。发动机的可靠性上也得到大幅提升，喷气发动机空中停车率低至 0.002/1 000 发动机飞行小时。可以看出，喷气发动机性能比活塞发动机有了极大提升。

（2）发动机可靠性设计与试验

发动机的可靠性对飞机的飞行安全至关重要。目前，围绕着提高发动机可靠性方面的研究、设计和试验要求更加详细。首先，发动机故障模式、影响与危害性分析、故障树分析、可靠性建模和预估等等；其次，发动机的环境和吞咽试验要求，包括结冰、腐蚀敏感性、吞鸟、吞雹、吞冰、吞水、吞沙、噪声、排气发烟、红外辐射、电磁兼容性、核武器影响、雷击和外物损伤等。接着，发动机特性和燃油试验内容，比如性能保证、地面起动、座舱供气污染、超速调节器、最高温度限制器、最低燃油压力、常用燃油和代用燃油、应急燃油、污染燃油、补燃加力系统失效模拟、自由动力涡轮旋转和限制转速机构、工作姿态、机动飞行等。最后，发动机结构试验要求，具体内容有：非旋转件静力试验、机动飞行载荷下发动机承力系统与安装节的屈服和极限强度、发动机地面吊点的屈服强度、压力零件的屈服和极限强度、转子超转、涡轮轴的静力和疲劳、叶片包容、叶片破坏后发动机的运转、主要旋转件和非旋转件的低循环疲劳、陀螺载荷、发动机超转、超温和超扭（自由动力涡轮）、附件传动和振动等。

8. 复合材料

复合材料具有比强度、比模量高，耐腐蚀、抗疲劳、减震、破损安全性能好的优点，对飞机的结构轻质化、小型化和高性能化起到至关重要的作用。

由于经济性和安全性的原因，复合材料在民机上的应用落后与军机，20 世纪 70 年代初开始在民机上逐步得到应用。以空客为例，具体的应用有：A310 是第一次在襟翼盒上应用复合材料的飞机，A320 是投产的第一架全复合材料尾翼飞机，A340 飞机的机翼的 13% 重量是复合材料，A340－500/600 采用了碳纤维增强塑料龙骨梁，A380 是空客第一次将碳纤维增强塑料应用于中央翼盒的飞机。目前，以环氧为基础的碳纤维复合材料目前已发展到第三代，以 T800S/3 900 和 T800/M21 为代表，其冲击后压缩强度达到 315～345 MPa；玻璃纤维增强铝合金层合板材料的性能优势得到充分利用。复合材料已成为现代大型民机首要结构材料，结束了以铝合金为主的机体结构选材时代。

9. 电传操纵系统

电传操纵系统是利用反馈控制原理，将飞行器的运动作为受控参数的电子飞行控制系统，可靠性高于传统的机械式飞行控制系统。

飞机操纵系统是将飞行员的操纵指令传给飞机的气动舵面或其他操纵机构的系统，历经了机械式、液压式、控制增稳、电传、光传（液压回路→电驱式）等几个阶段。随着飞行速度和性能的提升，传统的操纵系统使某些飞行器为了降低阻力而造成稳定性急剧下降，使某些飞行器在整个飞行包线内稳定性变化较大，导致飞行员控制压力加大，甚至根本无法控制飞机。采用电传操纵系统将为实现其它一些控制功能奠定基础，并为解决现代高性能飞机操纵与稳定中许多问题提供了有效的手段。

电传操纵系统是一个全时全权限的“电信号系统＋控制增稳”的飞行操纵系统。它主要靠电信号传递飞行员的操纵指令，控制增稳系统是电传操纵系统不可分割的系统组成部分。采用电传操纵系统，除了可以克服前述机械操纵系统所存在的一系列缺点外，它还有许多其它的优点，如可以进一步改善飞机的操纵品质，对飞机结构变化的影响不敏感，可以降低和减少维护工作量以及更容易与自动飞行控制系统相耦合等。图 5.4 所示为飞机电传操纵系统示意图。

通过使用电传操纵系统使飞行器性能得到巨大提高的典范是苏－27。苏－27 因为在研制期间改用四余度模拟式电传操纵系统，从而摈弃了传统的飞机设计法则，通过使用静不稳定布局获得了性能的空前提高。战斗机中使用电传操纵系统的飞机包括狂风、F－16、苏－27、歼-10、F－35 等。民机自空客 A320 开始采用电传操纵系统。

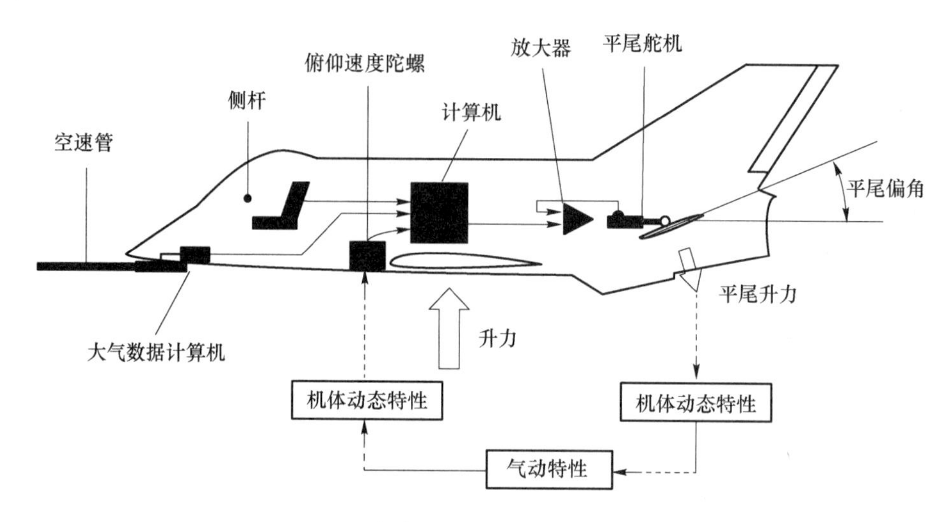

图 5.4 电传操纵系统在飞机上的应用

10. 计算机技术

计算机用于航空装备引发了航空技术的又一次革命。自 20 世纪 70 年代以来设计的新飞机中大量采用计算机进行复杂系统的信息处理和自动控制，最大限度地减少了人的计算和操作负担，也减少了人的失误。计算机技术的应用解决了飞机的操纵性、安定性等技术难题，极大的提高飞机的自动化水平、性能发挥和系统的安全性水平。随着计算机的应用，飞行事故率出现了新的下降。

11. 余度技术

由于电传操纵系统可能失效、传感器可能失灵等，相比于传统的机械式操纵系统而言其故障率较高，因此提出采用余度设计的思想来提高电传操纵系统的可靠性问题。由于单一通道设计不能保证系统功能的可靠性。为满足可靠性和故障容限的要求，采用两个或两个以上的部件或系统，正确、协调地完成同一任务。现代大型客机的机载设备，多采用余度设计的方法来提高系统的可靠性。波音 747 采用 4 台发动机、4 套液压系统。空客 A320 采用 7 台数字计算机，空客 A340 采用 3 台主飞控计算机、2 台备份飞控计算机。空客 A380 采用 4 套独立的飞控系统(2 套电压＋2 套电-液混合)。

12. 主动控制技术

主动控制技术在飞机设计的初始阶段就考虑电传飞行控制系统对总体设计的影响，充分发挥飞行控制系统潜力。飞机采用主动控制技术设计，可以实现的功能有：放宽静稳定度、实现直接力控制、控制机动载荷、控制突风载荷、控制机体颤振、采用综合火控/飞行/推力控制系统。可以看出，采用主动控制技术设计使飞机的各项性能达到最佳。

主动控制技术在战斗机中得到广泛应用，F－16 是世界第一架采用主动控制技术的飞机，F－18、苏－27、米格－29 等 3 代机也相继采用该技术。民机方面，波音 777、空客 A320 等也相继采用了主动控制技术。

13. 小　结

飞行事故调查遵循的原则是同一原因导致的飞行事故应避免发生第二次，查明事故原因后必须采取坚决、果断的处理和预防措施。因此，对飞行事故原因进行调查影响和促进了飞机设计、维修和使用的安全水平。

目前，飞机安全设计的发展趋势是采用新材料、新工艺。许多新的设计技术诸如计算机、电子、信息、自动化、人机界面和新型安全装备等在飞机设计和制造中得到应用。

5.2.3　安全保障设备

为了提高飞机的安全水平，一些专门用于保障飞行安全的安全保障设备也成为飞机安全飞行的必备设备。安全保障设备是提高飞行安全的技术设备，可实现如下安全功能：检查系统的工作能力；向飞行员发出关于系统故障的信号；发生故障时提示飞行员注意操作；自动切断发生故障的系统，并自动接通良好的系统；获取飞行器在各种飞行状态中运动的临界值，并向飞行员发出对其处理方法的信号；使飞行器自动离开危险的飞行状态。安全保障设备分为主动型和被动型。主动型设备工作时影响检测系统和控制机构，能够主动消除故障的后果。被动型设备向飞行员发出故障或临近危险的信号，由飞行员进行处理。

下文列举部分典型的安全保障设备予以说明。

1. 案例：改变飞行技术的十大空难与安全保障设备

(1) 微暴预警雷达——1985 年达美航空 191 班机空难

风切变的致命形式——微暴，是范围小但很强劲的向下气流，是上升的热空气将雨滴气化后形成的。密集的低温空气以柱状撞击到地面，它所带来的强风会向各个方向扩散。严重的微暴非常强劲，可以导致任何飞机坠毁，而且发生的频率非常惊人。1985 年达美航空 191 班机空难，飞行记录仪显示，在失事前几秒钟，飞行员已经难以控制飞机，让人无法理解的是，飞机会增速，接着减速，机身突然下降，飞机速度再次下降后，彻底失去了升力，撞到了一辆汽车，最终在机场坠毁。

20 世纪 80 年代末，地面雷达已经很发达，能可靠的识别微暴，所以塔台能够通知飞行员，但很难做到那么及时。多普勒雷达改良系统，通过测量风中的雨滴速度和独特的移动方向，雷达可以测出微暴。现在所有的班机都会安装这一系统。系统投入使用后，再也没有飞机因微暴而坠毁了。

(2) 移动自动扫描仪——1988 年阿罗哈航空 243 班机

1988 年 4 月 28 日，阿罗哈航空 243 航班离开夏威夷的大岛飞往檀香山。在 7 300 m 的巡航高度，飞机突然进入失压状态，在 6 400 m 的高度，飞机机身有 5 m 多的部分，毫无征兆的被撕裂解体，乘客们经历了 160 km/h 的强风冲击。当时飞机上 95 人，只有一名空乘丧生，机舱被撕开的时候，她被吸出了窗外。机长和副机长用出色的驾驶技术驾驶飞机顺利降落地面。这架飞机服役了 19 年，即将退役，飞机有超过 89 000 次起降。每次起降机舱加压释压，机身都会膨胀收缩，如果不经常保养，机身就会出现裂纹，加速老化；每次飞行，裂纹都会增大，直到所有裂纹连成了一片，机顶就脱落报废了。20 世纪 80 年代，在不把飞机大卸八块的前提下检测裂纹的速度很慢，而且这种检测无法从裂纹判断出构造细节。检测老龄化飞机上的裂纹、腐蚀。经过 7 年的研发，移动自动扫描仪应运而生，它速度更快，精度更高，老化裂纹、腐蚀和粘性失效都会在产生更大的威胁之前被找到。

(3) 油箱惰化系统——1996 年环球航空 800 班机空难

1996 年 7 月 17 日，纽约肯尼迪机场的环球 800 航班，起飞几分钟之后，环球航班的波音

747 飞机爆炸坠落，飞机上 230 人无一生还。

调查人员在重组的机身上找出了端倪，飞机解体源于中央机翼油箱发生爆炸。飞机信息显示，致命的油箱几乎排空。问题在于，空油箱中存在空气，由于在机场延误了太长时间，空调系统产生的热量提高了油箱中的温度，油箱受热，燃油汽化与空气混合就极易引起爆炸。而引爆易燃气体的原因是电。在电线绝缘处发现了裂痕，里面铜线裸露，发生了短路，过热引起了易燃气体的爆炸。减少氧气的含量，可以避免过热的空油箱爆炸。使用惰化系统可以用安全不可燃的气体取代密闭空间中的可燃氧气，但惰化系统庞大昂贵。新的方案利用中空纤维管，分离空气中大的氧气分子，只将小的氮气分子输送到油箱中，这样燃烧爆炸得以避免。2006 年，防止空油箱引起爆炸燃油惰化成为法律，所有的新飞机都强制装配这一系统。

(4) 增强型地面迫近告警系统——1995 年美国航空 965 班机空难

1995 年 12 月 20 日，美国航空公司 965 航班离开迈阿密，飞往哥伦比亚。机上搭载 163 名乘客。晚上 9 点 41 分，卡里的空管人员与航班失去了联系，这架失踪的 757 在偏离航向 16 km的卡里东部高山上被发现，只有 4 人生还。事故原因是，965 航班请求下降指令，与空管人员的沟通失误导致了机组人员往飞机系统中输入了错误的数据，事故发生前几秒钟，机组才意识到自己的航向错误。这样的事故属于可控飞行撞地，调查很快确定，事故原因不是结构失灵，飞机状态良好，没有任何问题。

为解决此类问题，新一代的增强型的地面迫近告警系统研制出来，它仍然使用雷达高度表探测下面的地表，机载的全球定位系统使用卫星来精确定位飞机，结合飞机定位和地形数据，飞行员可以知道前方的情况，当飞行器进入危险区域时，也能得到警告达到低空地形回避。

(5) 近零增长轮胎——2000 年法国航空 4590 班机空难

2000 年 7 月 25 日，一架法航的协和飞机准备从巴黎戴高乐机场飞往纽约。协和飞机是当时安全记录最完美的飞机，却在起飞时坠毁，机上无人生还。飞机起飞滑跑时发生爆胎，爆胎时，一大块橡胶从轮胎上被割下，其中一部分撞击到刹车扇的电线上，又一块橡胶被割下，撞到了油箱，油大量流出，滴在了击穿的电线上，引发了火灾。

为防止高速滑跑时爆胎，必须制造强劲的轮胎，米其林给出了解决方案，称为“近零增长”的革命性设计。这个轮胎的内胎有着强度更大的辐射线轮胎设计，它还用五个胶带增加强度，这些胶带不会让轮胎在高速状态下膨胀，因此就更加不容易爆胎，这种轮胎也用纤维 B 基的材料加强，测试显示它的强度超群。这种轮胎成为了全行业的标准。

(6) 新型客舱座椅——1990 年哥伦比亚航空 052 班机空难

1990 年 1 月 25 日，哥伦比亚航空 052 航班，飞机坠毁在长岛的科夫内科，85 人生还，73 人死亡。调查人员调查时发现，原本有更多的人可以获救，但坠落后座椅跟乘客一同飞出导致了很多乘客的死亡。

1952 年的规定是，在遭受冲击时，座位必须承受九倍于乘客体重的力，但当时测试座位的方法是静态测试，缓慢施加载荷，而坠机是快速施加载荷。20 世纪 70 年代，工程师针对机身框架进行过动态测试，直到 1981 年，联邦航空局才开发动态测试座椅的设备，但当时座椅在面对 9 个重力加速度的冲击力时全部飞出。科学家在美国航空航天局设在兰利的坠落检验设备上进行了实验，结果表明，乘客与航空器地板能够承受的冲击力高达 16 个重力加速度。

专家们相信，如果飞机装配新座椅，很多人就不会丧命。直到 2009 年 10 月，这种座椅才称为强制性的设备。承受 16g 过载，避免受冲击时座椅脱落危及乘客安全。

(7) 空中防撞系统——1986年墨西哥航空498班机空难

1986年8月31日,洛杉矶机场的塔台批准墨西哥航空498号航班下降。6 min后,这架DC9飞机从雷达上消失。飞机从空中坠落,原因为另外一架飞机进入该飞机的终端管制区,造成两架飞机空中相撞。

在20世纪50年代,飞机的速度越来越快,飞机空中遵循的看见避让原则的缺陷越来越明显。20世纪70年代后期,航空电子技术有了发展,利用应答机来避免空中相撞。通过使用应答机,空管人员可以用地面设备接收器来追踪飞机的位置、高度和呼号,但是这种技术下,飞行员必须依靠管制员来接收警,需要开发新的空中防撞系统。防撞系统给60 km范围内的所有航空器应答机发出信号,周边飞机的应答机用速度、高度和呼号做出应答,如果两架飞机处于冲突航路,系统就会提醒其中一架上升,另一架下降。大型飞机装配防撞系统成为强制要求。

(8) 跑道拦阻材料系统——1999年美国航空1420班机空难

1999年6月1日,美国航空1420号航班从达拉斯的福特沃斯机场起飞,准备在小石城机场做最后进场,当他们朝向4右跑道的时候,他们进入了风暴区。他们在恶劣的条件下以最高临界速度着陆,偏向跑到一侧,并滑出跑道坠毁,146人中大部分乘客幸免于难。

当时飞机冲出跑道事故频繁,仅在美国,每10天就会发生一起,它多发生在起飞和落地阶段,占死亡人数的四分之一。美国联邦航空局建议跑道增加一个300 m的安全起飞滑跑带。但是美国大多数机场建造于喷气机时代之前,因为螺旋桨飞机所需起飞落地的空间相对较小,很多旧机场缺乏扩张的空间,需要找到一个在飞机冲出跑道时能够安全迅速停下来的方法。跑道拦阻材料系统是一种能把气泡锁住的液体与肥皂混合的专业混凝物,这种物质很硬,单比普通混凝物轻得多,它内部充满气体,而且不会燃烧。硬度足够承受每小时180 km的冲击,而在北美跑道的极端温度下,按照计算机显示,它也可以承受飞机的重力。当混合泡沫被挤压时,就会吸收起落架前方的能量,然后慢慢让飞机减速,防止飞机冲出跑道引起事故。

(9) 卡普顿阻燃材料——1998年瑞士航空111班机空难

1998年9月2日,从纽约飞往日内瓦的瑞士航空111航班正向北飞跃加拿大上空,高度10 000 m,机上有229名乘客。由于机上发生浓烟起火后冲入了离诺瓦·斯克迪亚10 km的大西洋中。

事故原因是飞机电线的绝缘材料不能在飞机发生暗火的情况下阻燃。新型阻燃材料卡普顿必须能够承受燃烧测试和热辐射火焰传播测试,避免暗火导致机舱火灾。

(10) 机场场面探测雷达

1977年3月,在加纳利群岛的特内里费,两架波音747飞机在同一条跑道上高速相撞,583人在这起世界上最严重的空难中丧生。浓雾导致飞行员和空管之间出现联络问题,出现人为失误,技术上也没有发现飞机接近。

空管员是世界上工作难度最大的工作之一,大型的机场,比如纽约肯尼迪机场的空管员平均每小时就要管理100架以上的飞机,从20世纪50年代起,大多数的主要机场已经配置了雷达系统来监视交通,地面雷达发出无线电波,再被飞机反射回来,这样塔台就可以跟踪飞机的位置了。但是空管员必须人工匹配雷达光电和每个飞机的识别呼号。在繁忙时段,这项工作就会很难。更糟糕的是,雷达信号会被大雨、雪或者是雾扭曲。

机场场面探测设备。当飞机穿越机场,它的应答机发出了包括如呼号等数据。跑道沿线的传感器会接受到这些信号,同时不间断地追踪飞机的移动,没有盲点,全天状态下传感器都能提供无缝监视,数据被传回塔台,显示在机场场面探测设备的屏幕上。在机场地图上,会持续显示出所有的交通活动,现在管制员可以在瞬间发现问题,防止飞机相撞,他们也不用手动识别飞机,这个系统自动识别并显示飞机的呼号,当飞机沿跑到移动时,一系列的绿色线会提醒管制员阻拦其它的航空器,当危险解除,空管员可以安全指示航空器穿越跑道。

2. 其他安全保障设备

主动安全保障设备的应用极大的提高了飞行安全水平,新技术对于改进飞机安全性卓有成效。为保障飞行安全的一些专业安全保障设备还包括飞机状态异常警报与自动恢复装置、失速/尾旋告警系统、迎角指示器、自动着陆系统和机场驱鸟装置等等。

3. 未来的飞行安保设备发展趋势

(1) 减少涉及人为差错特别是飞行机组差错的事故数量

统计数据表明,目前阶段机组差错是绝大多数事故的原因。针对人为差错的安全保障设备,应该对人的操纵错误设计相应的防范和保护措施,通过设计将飞行机组差错降至最低。

(2) 在飞机及功能系统设计上提高安全

由于10%的飞行事故涉及飞机系统故障,因此未来的安全保障设备应注重改进系统安全性,设计有助于防止事故发生的预测型设备。需要注意的是未来的安全保障设备设计的原则是确保既不引发事故,也不将事故严重化。

5.3 飞机安全性设计

5.3.1 失效—安全

飞机是一个庞大而复杂的系统,飞机机载设备种类数量纵多,飞行过程中不可能保证所有设备都不出现故障,但是必须确保在某些设备故障的情况下飞机系统能安全运行,因此提出失效-安全原则。

系统失效的原因很多,比如部件原因、性能或者功能限制、操作人员出错、设计缺陷、生产缺陷、维护缺陷以及环境因素等。系统失效可能引发故障,针对系统中故障有两种防护措施。第一种故障防护措施是“避免”,即尽最大程度减小故障的发生。第二种故障防护措施是故障容错,即将故障容错作为一种动态防护措施,并将其作为系统运行期间动态保护的方式。故障容错有故障屏蔽、系统降级和失效-安全三种方法。故障屏蔽情况下,系统或者部件设计为能够在发生可能的故障情况下仍可使用并发挥全部功能。系统降级有时候称为失效弱化,在此情况下,系统或者部件的设计应确保在发生故障时能够继续运行,但有可能会损失某些功能。失效-安全要求在发生故障或失效的情况下,通过设计使其恢复到安全状态,或者在发生故障或事故的情况下,能够使其停止运行。飞机关键系统所需的高水平功能安全,通常情况下需要通过失效—安全设计来实现。

1. 失效—安全原则

失效-安全原则指在任何系统或者子系统中,应当假设单次飞行期间会发生任何单一组件、部件或者连接故障而无论其概率如何,该单点故障不应阻碍持续安全飞行与着陆,或者显著降低飞机或者机组人员应对故障条件的能力。如果不采用替换、备用或者保护措施,系统中任何部件、元件都不可能具有足够高的可靠性。因此，通常采取以下措施保证在失效情况下系统安全。

(1) 设计的完整性和质量

将故障发生概率和故障的影响最小化，从而实现既定的功能可靠性。

(2) 冗余或者备份系统

确保在任何单一(或者其他规定数量)故障发生之后飞机仍能够继续运行。即使发生了故障，也能够完成既定功能。冗余系统是提高系统可靠性的一种方法，可用来诊断并检测故障。如果关键系统有冗余，其功能可靠性就可提高，但同时系统的复杂性、重量、空间、功耗及维护工作也随之提高。备用冗余系统与发生故障的装置可以相同或者不同。

如果系统出现故障，通常采取故障隔离、故障警告、功能验证及规范机组人员的纠错程序等措施来保证系统安全运行。

(3) 检　测

检查能提供检查、监控系统或部件状态的能力，从而使系统及时发现故障和隐患，采取必要措施保障飞行安全。

(4) 故障包容

通过故障包容限制故障对安全性的影响。

(5) 故障路径设计和损伤容限设计

通过合理的故障路径涉及和损伤容限设计，限制或导引故障影响，目的是限制其对安全性的影响。

2. 失效—安全的有效性

使用失效—安全的其中一个部件或者技术时，通常情况下很难达到预期的效果。一般需要使用两个或者多个组合来完成失效—安全设计。失效—安全原则的有效使用能够实现最高等级的安全性。然而，失效—安全设计的有效性取受三个因素影响：系统架构的设计水平、外部影响限制和机组。

(1) 系统架构的设计水平

系统架构的设计水平决定系统的安全性水平。系统的架构设计根据需要采用不同的形式，但是将决定系统的冗余层级，即主要或整体冗余、次要冗余 、损伤保护冗余等余度设计。不同层级决定系统的安全性水平高低。

(2) 外部因素影响

系统冗余设计时，外部因素影响带来的限制条件必须予以考虑，如冗余系统中的共模故障。比如：双系统并且每条通道的系统故障发生率为 1×10^{-4}/飞行小时，因此系统故障发生率为 1×10^{-8}/飞行小时，但是如果系统的共模(如 HIRF)发生概率为 1×10^{-5}/飞行小时，那么总故障的发生概率降低为$(1\times10^{-8})+(1\times10^{-5})\approx1\times10^{-5}$/飞行小时。

(3) 机组操作

系统架构设计将系统组成硬件进行了全面的考虑，但没有考虑机组操作等人为因素对安全的影响，但往往机组人员的业务水平会在关键时刻对系统的安全性水平产生重要影响。

(4) 解决措施

失效—安全架构是基于基本可靠性和系统完整性上的，应该具体故障情况具体分析。对于功能丧失导致的危险，通过冗余方式来实现预期的可靠性。对于不正确的功能导致的危险，通过独立监控或比较冗余装置的方式实现可靠性与完整性。对于非预期功能导致的危险，使用互锁机制或者其他适当的失效-安全机制。

5.3.2 安全性设计原则与要求

飞机安全性设计是飞机设计、系统工程、安全工程相结合的交叉性学科，如图5.5所示。飞机设计过程中将适航要求转化为飞机及其系统的设计指标，最终以技术性能、可靠性、维修性、安全性、保障性等飞机综合效能最优化为根本目标。

民用飞机安全性设计必须满足民用航空规章和型号研制目标中所规定的安全性要求，在民用飞机研制过程的各阶段(方案阶段、工程研制阶段等)的主要工作节点(如总体方案评审、样机审查、详细设计评审、系统试验、结构试验、飞行试验、适航审定)，均进行安全性评定和审查，以确保飞机的安全性设计得到落实。

民用飞机安全性、可靠性及维修性设计以中国民用航空规章为基本设计规范。

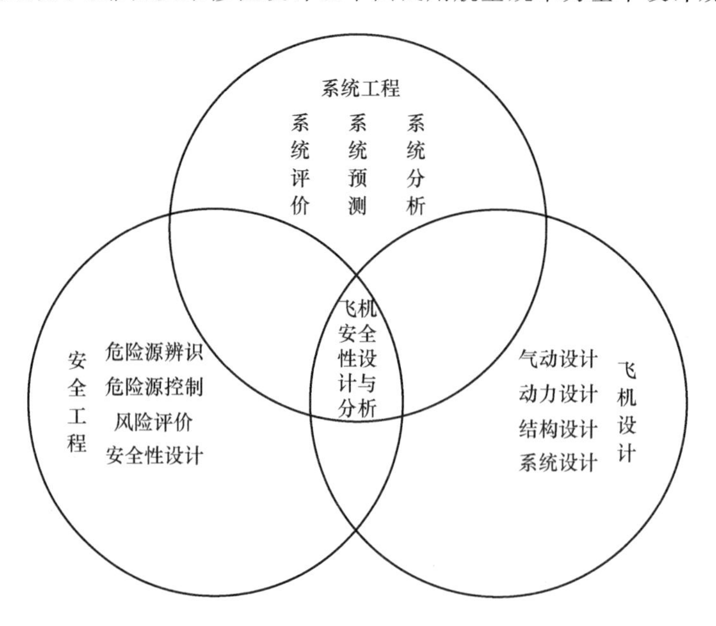

图5.5 飞机安全性设计的因素

1. 通用定量要求—《飞机设计手册》

《飞机设计手册》中对安全性设计的通用定量要求：

通过安全性分析评估(如功能风险分析、故障模式及影响分析、故障树分析)和可能的试验(如地面试验、飞行试验和模拟试验)，证明系统安全性符合下述规定的概率要求：任何影响安全飞行和安全着陆的故障概率均应小于10^{-9}/飞行小时；影响飞机性能和驾驶员操作的故障概率应在10^{-5}/飞行小时至10^{-9}/飞行小时之内。

在进行安全性设计前应先进行安全性分析。安全性分析工作的内容包括可能的故障模式、包括外部原因造成的缺陷和损伤、多重故障和隐蔽故障的可能性、在飞行和使用情况下故障对飞机和乘员的影响、故障的探测能力、警告方式和纠正措施。

2. 通用定性要求——《飞机设计手册》

《飞机设计手册》对安全性设计的通用定性要求：

① 任何单一故障均不得妨碍飞机的连续安全飞行和着陆，在设计中应尽量减少因环境条件而造成危及飞行安全的多重故障的可能性；

② 应尽量避免备份系统的共因失效而导致多重故障；

③ 涉及安全的飞机系统，其备份功能不得导致正常系统的后果性故障；

④ 要避免因机组人员和维护人员的误动作而导致不安全因素的可能性；

⑤ 仅在地面上使用的装置，如果在空中使用时有危险，则应提供防止飞行中误动作的措施；

⑥ 对于系统的不安全工作状态，应提供适当的告警信号，以便机组人员采取相应的纠正措施；

⑦ 系统的操作装置和监视、警告装置均应设计成尽量减小因人为差错而导致危险的可能性；

⑧ 隐蔽故障的数量及其对飞机的影响应降至最低限度。如果对危及安全的系统故障无法检测，则应提供正确的警告装置；

⑨ 仪表、设备或系统的故障警告装置的故障不得导致不安全状态；

⑩ 对与安全有关的可动式或固定式结构和部件，应留有足够的工作间隙，以防在连接处造成卡死、摩擦或不协调，以及在动态、静态或受热状态下产生其他损伤，还应防止乘客、货物、外部物体和冰霜对系统和飞机造成损伤；

⑪ 与带过载保险的机构相连的系统，当保险装置断开时，系统应与保险装置分离，但不得降低飞机的其他结构和系统的安全性；

⑫ 即使发生故障，也不得造成影响安全的火情。

a）对易燃流体，要采用严格的防火控制和保护。在可燃泄漏区内应采取气密隔离措施将可燃流体与设备隔离开来；

b）可燃液体或气体（统称流体）的泄漏物应排放到机外。舱内应设有可燃流体的排放设施或拦截机构，以控制泄漏物的排放，严防排出的可燃流体倒流回机舱内；

c）在火警保护区，易燃区和可燃泄漏区之间均应采用相互隔离的气密措施，在易燃区和动力装置点火区之间还应采用双重壁垒。

d）气源系统发生单一故障后，空气导管的表面温度不得超过260℃。

⑬ 应采取设计措施，减少发动机压气机或涡轮转子解体对飞机造成损伤；

⑭ 应采取设计措施，防止因轮胎爆炸造成对安装在轮舱区的影响到飞机安全的重要设备的损伤；

⑮ 应按适航要求防止雷击对飞机造成灾难性事故。金属材料应正确搭铁，非金属材料应采取一定的雷击电流传输措施，尽量减少雷击的影响；

⑯ 设计上应采用专门措施，减少迫降时人员伤亡的可能性。在水上迫降时，飞机的飘浮特性和控制时间足以使机上人员进入救生筏；

⑰ 在迫降和坠撞着陆时，每一机组和乘员区均应具有应急手段进行迅速撤离；

⑱ 轮舱中应提供正确的过热保护措施；

⑲ 增压舱内的隔板、隔框和地板，必须能承受座舱突然卸压的影响；

⑳ 应采取设计措施，最大限度地降低地面维护人员的工作危险性和人员的损伤；

㉑ 设计上应避免误装配或误动作；

㉒ 要采用适当的设备外形和连接方式，尽量避免因设备或部件的边角或突出部位对操作和维修人员的损伤；

㉓ 采用冗余和容错技术，确保任何单一故障后系统的连续工作；

㉔ 系统、部件和元件均应采用适当的隔离，防止故障的蔓延和扩大；

㉕ 采用可靠性设计和分析技术，尽量提高系统和设备的可靠性。

3. 适航条例——§ 25.1309 设备、系统及安装

适航条例第 § 25.1309 对设备、系统及安装的要求：

① 凡航空器适航标准对其功能有要求的设备、系统及安装，其设计必须保证在各种可预期的运行条件下能完成预定功能；

② 飞机系统与有关部件的设计，在单独考虑以及与其它系统一同考虑的情况下，必须符合下列规定：

a）发生任何妨碍飞机继续安全飞行与着陆的失效情况的概率极小；

b）发生任何降低飞机能力或机组处理不利运行条件能力的其它失效情况的概率很小。

③ 必须提供警告信息，向机组指出系统的不安全工作情况并能使机组采取适当的纠正动作。系统、控制器件和有关的监控与警告装置的设计必须尽量减少可能增加危险的机组失误；

④ 必须通过分析，必要时通过适当的地面、飞行或模拟器试验，来表明符合本条 2）的规定。这种分析必须考虑下列情况：

a）可能的失效模式，包括外界原因造成的故障和损坏；

b）多重失效和失效未被检测出的概率；

c）在各个飞行阶段和各种运行条件下，对飞机和乘员造成的后果；

d）对机组的警告信号，所需的纠正动作，以及对故障的检测能力。

⑤ 凡航空器适航标准对其功能有要求并且需要能源的每一装置，均为该能源的“重要负载”。在可能的工作组合下和可能的持续时间内，能源和系统必须满足下列要求：

a）在系统正常工作时能够向与系统联接的全部负载供能；

b）任一原动机、功率变换器或者储能器失效之后能够向重要负载供能；

c）发生下列失效后能够向重要负载供能：双发飞机上的任何一台发动机失效；三发或更多发飞机上的任何两台发动机失效；

d）任一能源系统、分配系统或其它用能系统发生任何失效或故障之后，能够向民用航空规章要求备用能源的重要负载供能。

⑥ 在判断符合本条 5(b)和(c)的要求时，可以假定按某种监控程序减小能源负载，而该程序要符合经批准的使用类型的安全要求。对于三发或更多发飞机的双发停车情况，不必考虑在可控飞行中不需要的负载；

⑦ 在表明电气系统和设备的设计与安装符合本条 a 和 b 的规定时，必须考虑临界的环境条件。民用航空规章规定具备的或要求使用的发电、配电和用电设备，在可预期的环境条件下能否连续安全使用，可由环境试验、设计分析或参考其它飞机已有的类似使用经验来表明，但适航当局认可的技术标准中含有环境试验程序的设备除外。

5.3.3　安全性设计程序

飞机安全性设计工作通常按照以下流程开展：

① 根据适航标准要求，确定系统安全性设计目标、设计要求和设计原则；

② 根据适航有关文件的规定，通过功能风险分析，确定相应故障的允许概率，根据故障后果对飞机和乘员安全性影响的严重程度，按照适航条例及其适航指令的要求，将故障进行分类：

Ⅰ类：灾难性故障，允许概率小于 1.0×10^{-9}；

Ⅱ类：危险性故障，允许概率为 $1.0\times10^{-7}\sim1.0\times10^{-9}$；

Ⅲ类：重大故障，允许概率为 $1.0\times10^{-5}\sim1.0\times10^{-7}$；

Ⅳ类：轻微故障，允许概率大于 1.0×10^{-5}。

③ 系统方案设计早期，要进行系统功能风险分析，以确定系统安全性设计的目标要求和分析评估工作的总体框架，为系统的原理方案决策提供依据；

④ 根据系统功能风险分析的结果，调整或修改系统的原理方案，以满足系统功能风险等级的要求；

⑤ 对功能风险分析确定的“灾难性的”或“危险的”事件，应通过故障树(FTA)分析，验证和计算系统的故障概率是否在容许的范围之内，以发现系统构成上的薄弱环节，从而决定需要采取的纠正措施；

⑥ 针对已选定的系统方案，进行系统故障模式及影响分析，以便从安全性角度对系统方案进行调整；

⑦ 结合飞机总体方案设计评审，进行系统安全性设计评审，包括飞机的安全性设计要求，设计目标、设计规划以及主要系统的安全性分析等，以决定能否进行细节设计；

⑧ 在总体方案设计评审的基础上，对系统的功能风险分析、故障树分析、故障模式及影响分析等分析报告作进一步修订，将安全性分析与系统方案的设计更改结合起来；

⑨ 系统总体布局和安装设计已经确定或正在进行时，开展区域安全性分析，着重对系统实际安装环境及系统之间的安装兼容能力和冗余能力进行分析；

⑩ 确定系统和设备的安全性研制/采购技术要求，对承制厂的安全性分析和试验活动进行监控，审查承制厂的安全性分析报告；

⑪ 细节设计基本完成时，结合关键设计评审，进行系统安全性关键评审；

⑫ 进行安全性试验和试飞；

⑬ 在试飞完成之后，进行安全性最终评审；

⑭ 编写安全性设计评估总结报告，并于型号合格审定证书(型号许可证)颁发前提交适航当局。

5.3.4　安全性设计实例

1. 结构疲劳设计

表 5.1 所列举的是飞机结构设计在不同失效模式的设计要求。

表 5.1 飞机结构设计要求

失效模式	设计准则	许用值数据
无损伤结构的静强度	结构必须能承受设计载荷 3s 而不破坏	静态性能
无损伤结构的变形	在使用载荷作用下结构的变形不会影响正常运作	在温度提高的条件下静态性能和蠕变性能
无损伤结构开始产生疲劳裂纹	1. 破损—安全结构必须满足客户在操纵载荷作用下对使用寿命的要求 2. 安全寿命元件在使用时必须保持没有裂纹。对有寿命元件必须规定更换期限	疲劳性能
含损伤结构剩余静强度	1. 破损—安全结构必须能承受 80%～100%的使用载荷而不发生灾难性破坏 2. 在超静定结构里单个元件破坏,或者整体结构出现局部破坏	1. 静态性能 2. 断裂韧性
含损伤结构裂纹扩展寿命	1. 破损—安全结构的检测技术和频率必须加以规定,以使结构发生灾难性破坏的概率最小 2. 对破损—安全结构须规定检测技术和频率,以及更换时间,以使疲劳裂纹造成破坏的可能性极小	1. 裂纹扩展特性 2. 断裂韧性

(1) 破损—安全设计

破损—安全设计要求如图 5.6 所示。以静极限设计载荷为标准设计的结构所能承受损伤的程度很小,除非在设计考虑时留有很大的安全裕度。然而,由于使用中实际载荷很少超过使用载荷,所以没有必要把结构设计成极限载荷下的破损—安全结构。一般飞机制造商的方针是使设计的飞机结构既满足极限强度要求,又允许在 100%使用载荷条件下具有一定的破损—安全损伤扩展范围,以满足或超过美国联邦航空条例 FAR25.571 和 FAR25.573 的民用运输机破损—安全强度要求。规定的破损—安全极限载荷水平代表了对飞机强度的限制。美国联邦航空条例对于垂直尾翼、襟翼和襟翼支撑结构、操纵面铰链、调整片制动装置等并没有特殊的要求,但这些结构的损坏也会引起严重事故。实际上,飞机设计人员一般也把这些构件列入破损—安全设计之中。例如,对于螺旋桨飞机,如果一台发动机(结构)损坏而使垂尾处于危险状态时,横向突风或动态偏转等其他一些载荷条件应该定义成破损—安全载荷。

对于破损—安全结构来说,关注腐蚀和疲劳裂纹的出现,主要还是考虑维修方面的费用,而不仅是飞行安全。为了保证在未达到破损—安全损伤极限之前便能发现疲劳或腐蚀裂纹,应当根据以往的使用经验,或按照如图 5.7 所示,经分析和试验确定裂纹扩展时间历程,定出检查时间间隔。在图 5.7 中所示,裂纹起始后需要修理的时间用点①来表示。点①到点②之间的时间代表用来检查和进行修理的时间。对于疲劳和腐蚀损伤敏感的结构,其关键部位必须在①和②之间的时间间隔内分段进行检查,以保证裂纹在达到破损—安全极限之前便被发现而及时修好。民用飞机的检查频率和程序是由飞机制造商、用户和认证部门共同制定的。

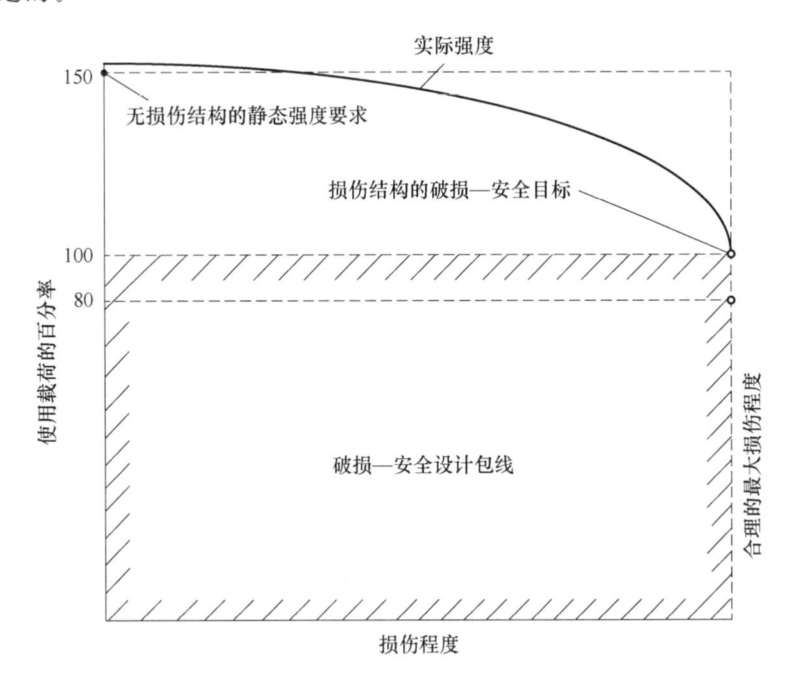

图 5.6　破损—安全设计要求

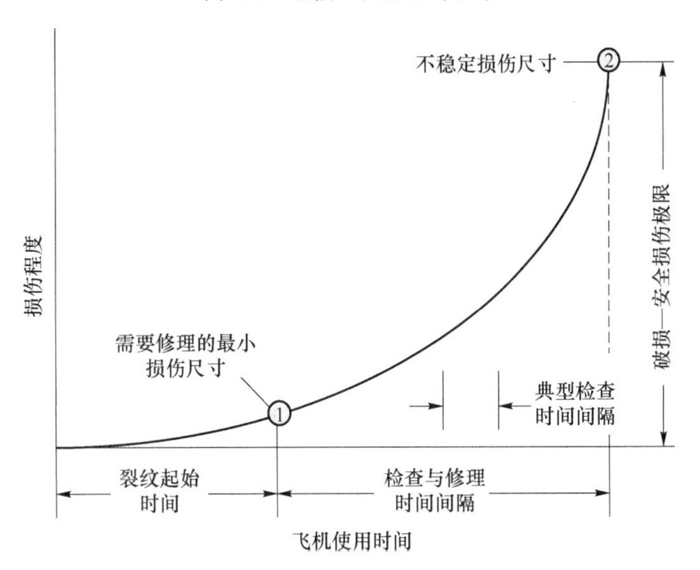

图 5.7　典型结构裂纹扩展过程

满足破损—安全设计要求的设计过程如下：

a）确定破损—安全设计标准和所需的强度水平；

b）规定破损—安全的损伤极限；

c）选择具有高断裂韧性和裂纹扩展缓慢的材料；

d）规定破损—安全设计应力许用值；

e）规定破损—安全的分析方法；

f）确定破损—安全设计的载荷水平；

g）进行结构细节设计，使其能承受对应于损伤极限的载荷或应力；

h）试验验证受损构件和结构。

(2) 设计实例

a）圆角处设计。圆角处的应力集中，应该避免出现小半径，如图 5.8 所示。

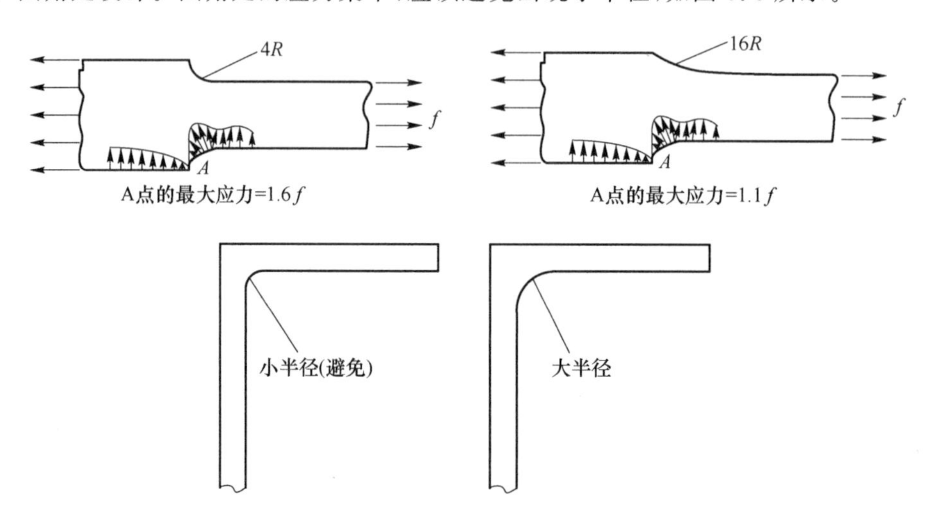

图 5.8　圆角处的应力集中问题

b）乘客、行李、货物等舱门的开口处设计。设计要求 r/h 或 $r/b>=0.3$，如图 5.9 所示。

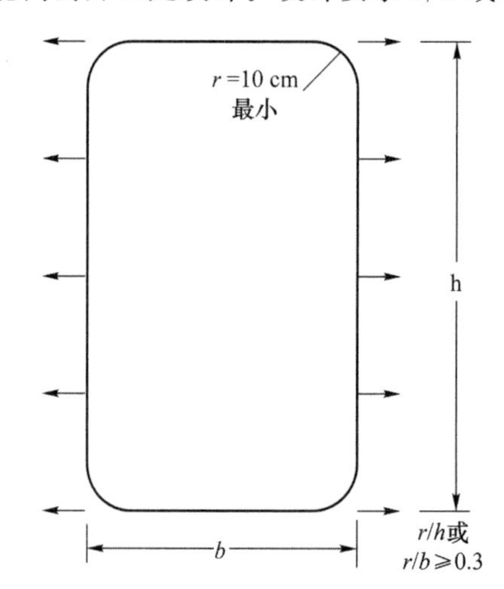

图 5.9　开口设计要求

c）锪孔锐口边缘的应力。锪孔锐口边缘容易造成裂纹产生，如图 5.10 所示。

d）操纵面支座固定在翼盒后梁上设计。如图 5.11(a)所示，操纵面支座与翼梁连接时，与翼梁腹板的连接有加强条，但是翼梁凸缘处连接结构较弱。因此，应该在翼梁凸缘处设计加强接头，如图 5.11(b)所示。

e）结构截面形状变化。设计时，应避免讲结构截面变化的地方集中在一个地方，而应该布置在不同的位置，使应力集中区域分散，如图 5.12 所示。

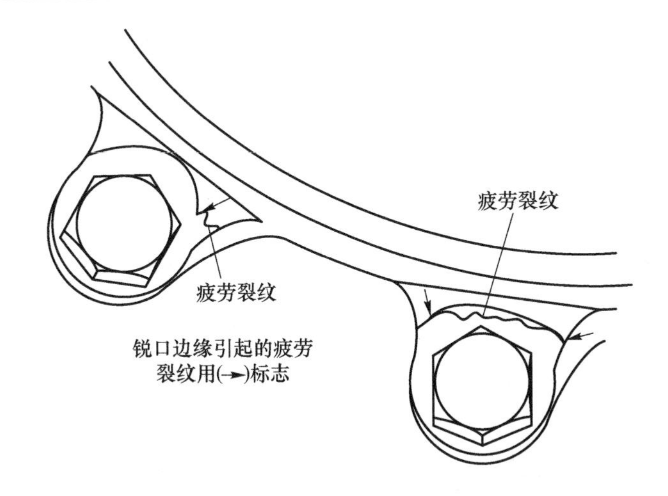

图 5.10　锪孔锐口边缘

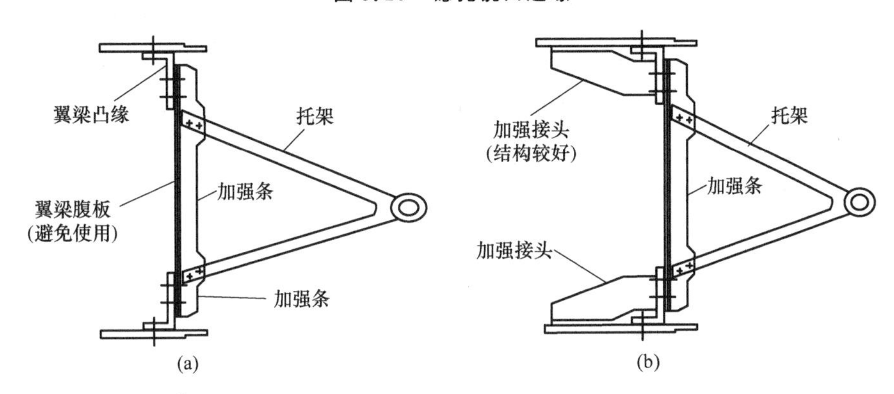

图 5.11　操纵面支座固定

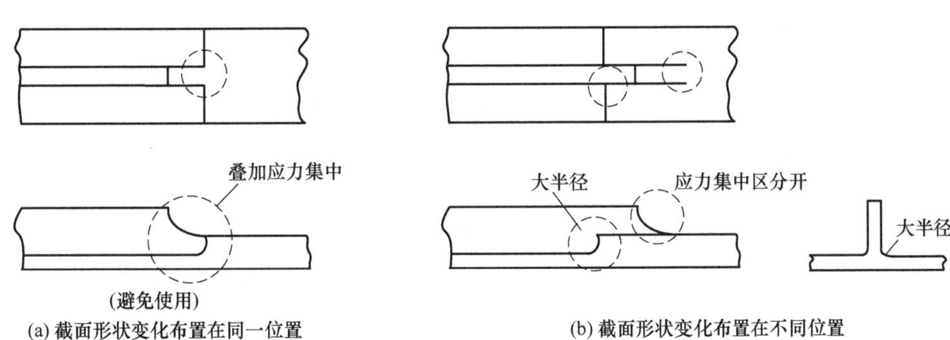

图 5.12　截面变化布置

f）载荷与材料晶粒方向。在设计结构的受力载荷时，要与材料的晶粒方向相符合，使载荷与材料的晶粒方向平行，如图 5.13 所示。

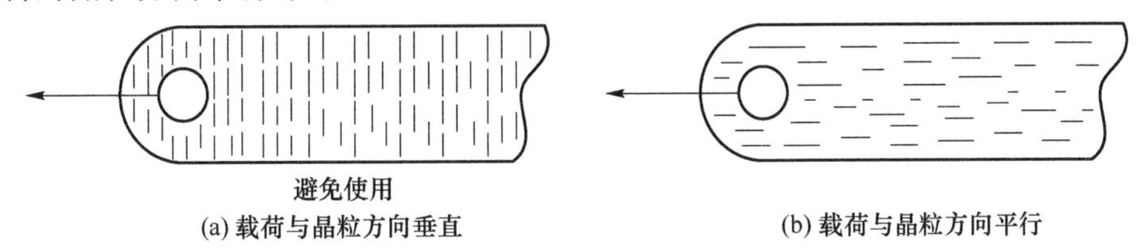

图 5.13　载荷与材料晶粒方向

g）典型谱载荷试验用的载荷顺序。进行飞机载荷加载试验时，载荷加载顺序应与飞行过程中的载荷变化一致，如图 5.14 所示，从而使试验能够真实模拟飞行状况。

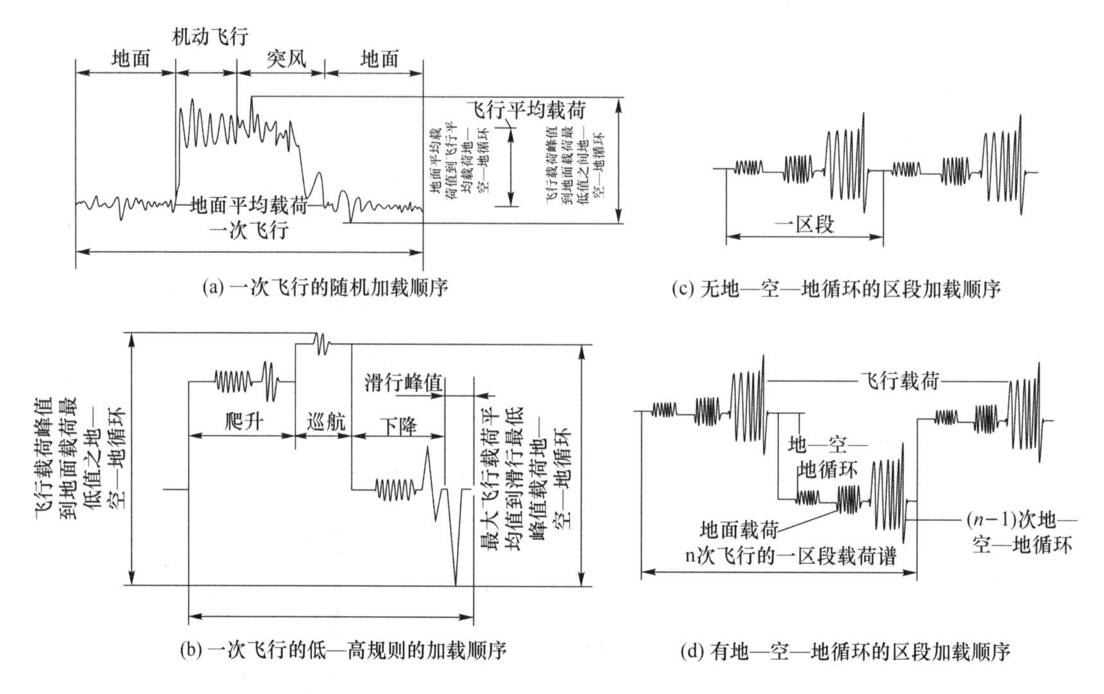

(a) 一次飞行的随机加载顺序

(c) 无地—空—地循环的区段加载顺序

(b) 一次飞行的低—高规则的加载顺序

(d) 有地—空—地循环的区段加载顺序

图 5.14　典型谱载荷试验用的载荷顺序

2. 电传飞控系统安全设计

（1）空客 A320

空客 A320 是第一架采用电传飞行控制系统的民用飞机，其电传飞行控制系统采用余度设计，主飞行控制系统共配备 7 台数字计算机，功能划分如下：

a）2 台升降舵副翼计算机（ELAC），为升降舵、副翼和水平安定面提供控制；

b）3 台扰流板升降舵计算机（SEC），实现传感器故障时的重构控制律计算，为扰流板、升降舵和水平安定面提供控制；

c）2 台控制增稳计算机（FAC），完成方向舵行程限制的计算和方向舵配平控制，并通过偏航阻尼器为方向舵提供控制。

水平安定面（THS）和方向舵可由直接的电信号链控制，也可由机械链控制，即整个电传系统发生故障，飞行员仍然可以通过机械备份实施对飞机的操纵控制。飞行员的主俯仰和滚转控制无机械连接，靠侧向驾驶杆实施电信号直接链控制。

（2）空客 A340

A340 比 A320 更大，具有更多的控制面。A340 飞机共有 5 台计算机完成电传操纵，分别为 3 台主飞控计算机（FCPC）和 2 台备份飞控计算机（FCSC）。FCPC 控制所有的操纵面，FCSC 控制部分操纵面。当 FCPC 故障后，由 FCSC 来控制。取消了专用的飞行增稳系统，在俯仰及航向保留机械操纵，具体控制如下：

a）飞行员指令通过侧杆发送到 FCPC 和 FCSC，控制解算后输出操纵指令到升降舵及水平安定面。当飞机失去电气控制时，机械链通过液压马达控制水平安定面；

b）航向通道：驾驶员的指令通过脚蹬传给 FCPC 和 FCSC，同时通过机械链操纵方向舵。

(3) 空客 A380

A380 采用双体系结构,2 种不同构型的 4 个独立的主飞行控制系统。2 个采用传统的液压作动系统,另 2 个带有局部电—液作动器系统。4 套系统中的任何 1 套都可用来控制飞机。

(4) 控制律重构

A320/A340 客机控制律具有正常、重构和直接三个等级,分别与不同的计算机故障等级相对应。如果电气控制信号完全失效,飞行员还可以采用机械操纵系统进行控制。

a) 正常控制律。系统的常规操作配置,覆盖了三轴控制、飞行包线保护及载荷减缓。根据飞行阶段分为地面、飞行、改平三个模态;

b) 重构控制律。当飞机余度系统发生多次故障时,飞控系统降级至重构控制律。根据故障检测信息,利用操纵面的控制冗余,用有效操纵面自动代替或补偿损伤操纵面,以保证继续完成任务或安全着陆。重构控制律分为正常重构控制律和异常重构控制律。

正常重构控制律飞行模态减少了边界保护,只具有过载保护、低速和高速的稳定性保护。当飞机飞行姿态不正常时,异常重构控制律开始工作,以便使其恢复;

c) 直接控制律。直接控制律是在发生多种故障的情况下由计算机控制的最低级别的控制律。飞行员控制输入被直接传送至控制舵面,即提供了一个侧杆和舵面的直接电气链。在直接控制律模态下没有任何保护,仅提供超速和失速的语音告警。

飞机过程中如果控制系统发生故障,可通过控制律降级控制保证飞机系统正常操纵控制,过程如图 5.15 所示。

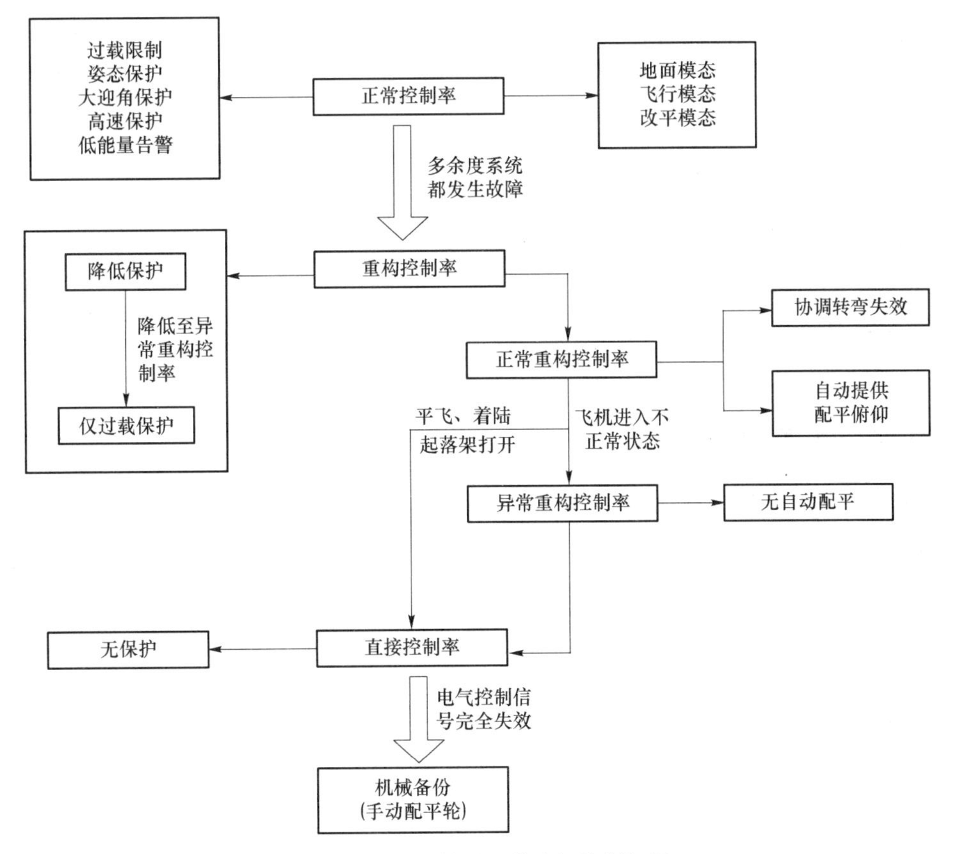

图 5.15　飞机控制系统降级控制框图

5.4 飞机可靠性设计

5.4.1 可靠性概念

可靠性指产品在规定的条件下和规定的时间内，完成规定功能的能力。

可靠性与安全性是容易混淆的两个概念，可靠性关注规定功能的实现，安全性关注不发生事故。可靠性与安全性的区别与联系有：

① 产品的功能是与安全相关的，如果其功能出现问题，则会影响安全，安全性问题与可靠性问题有一部分是重叠的；

② 不可靠的后果有可能影响安全性，但也可能不影响安全性。反之，安全性水平高的系统，其可靠性水平可以不一定高；

③ 安全性问题很多是系统级的问题，因此安全性必须在系统级进行控制；

④ 部件可靠性方面，某个部件在一个系统中运行不会带来安全性问题，并不能代表在另一个系统中或另一种使用条件下运行也不会带来安全性问题；

⑤ 人为因素对安全性的影响，与可靠性无关；

⑥ 可靠性总是与产品功能需求及假定的使用条件或环境条件相关；而安全性必须考虑正常使用条件之外的情况；

⑦ 两者分析、评价方法的不同：可靠性通常应用自下而上的方法来评价部件故障的影响。安全性需要采用自上而下的方法来评价系统的危险状态是如何由正常和不正常的部件行为的组合引发的。

⑧ 可靠性分析不能胜任安全性问题；

⑨ 安全性不一定需要超高的可靠性。对于可能引发危险的系统设计，系统安全性工作考虑的是如何改变设计来消除危险；

⑩ 现代飞机的复杂程度越来越高，很多航空事故的特征由以前的可靠性问题演变为现在由复杂性导致的安全性问题；

⑪ 可靠性能解决一部分安全性问题，但并不能解决所有问题。

5.4.2 可靠性设计要求

1. 可靠性设计一般原则

通常采用以下方法方法提高系统可靠性：

(1) 简化设计

在满足功能要求的前提下，应尽量采用最简单的设计方案。机件、设备应整体化、集成化，减少器件数量和机件复杂性。

(2) 冗余设计

余度技术可以用可靠性较低的零部件构成可靠性较高的系统和设备，但冗余系统应尽量分离，避免相互干扰和影响。

(3) 降额技术

关键系统和设备的载荷应远远小于其额定值。

（4）尽量采用成熟的设计

（5）热设计

对于发热较严重的装置应进行详尽的热应力分析和热设计。

（6）环境防护设计

a）应考虑到温度、湿度、振动、冲击、沙尘、盐雾、加速度、电磁干扰、压力等各种环境因素的影响；

b）采用预防和控制腐蚀的措施，使飞机及其机件具有良好的使用耐久性和环境适应性，要能适应各种自然条件的变化和影响。

（7）尽量选用标准零部件并对元件进行老化和筛选

（8）制定零部件控制大纲

（9）充分考虑人机因素，采用防错设计技术

2. 可靠性的主要指标

（1）可靠度 $R(t)$

产品在规定的条件下和规定的时间内，完成规定功能的概率。

产品的可靠度实质上是它工作到 t 时刻不发生故障的概率，而任一产品发生故障前的工作时间 t 是个连续型随机变量。用可靠度函效 $R(t)$ 表示：

$$R(t)=\frac{N_0-r(t)}{N_0}$$

式中，N_0 为产品数；$r(t)$ 为到 t 时刻发生故障的产品数。

工作时间越长，产品发生故障的概率越大。

（2）不可靠度 $F(t)$

产品的不可靠度就是它工作到 t 时刻发生故障的概率。在某时刻 t 产品只能处于正常或故障两种状态之一，因此：

$$R(t)+F(t)=1$$

（3）故障密度函数 $f(t)$

$$R(t)=1-F(t)=1-\int_0^t f(x)\mathrm{d}x=\int_t^\infty f(x)\mathrm{d}x$$

（4）故障率 $\lambda(t)$

（5）平均故障间隔时间 MTBF（可修件）

可修复产品可靠性的一种基本参数。其度量方法为：在规定的条件下和规定的时间内，产品寿命单位总数与故障产品总数之比。用 T_{BF} 表示。

$$T_{\mathrm{BF}}=\frac{\sum_{i=1}^{r}t_i}{r}$$

式中，t_i 为第 i 个产品发生故障前的工作时间，或故障后进行完全修复，继续工作到再次故障前的工作时间，h；r 为故障总数（包括第一次故障和修复后的再次故障）。

（6）故障前平均时间 MTTF（不可修件）

平均故障前时间是不可修复产品可靠性的一种基本参数。其度量方法为：在规定的条件下和规定的时间内，产品寿命单位总数与故障总数之比。

3. 可靠性设计程序与方法

通常系统可靠性设计程序如下：

① 根据型号设计要求和客户需求，确定全机可靠性设计目标；

② 根据各系统的重要程度，参考经验统计数据，将全机可靠性指标分配到各个系统；

③ 根据系统的原理方案，在满足安全性指标的前提下，对系统的可靠性指标进行反复预计，直到满足要求；

④ 确定系统或设备的可靠性研制/采购技术要求(初稿)，并与承制厂进行技术协调；

⑤ 对系统进行可靠性分析和预计，确定影响系统可靠性的薄弱环节和关键设备或部件，再进行修改与分析，直至可靠性预计满足设计目标；

⑥ 最终确定系统或设备的采购(含研制)规范。与承制厂进行协调，对承制厂的可靠性活动进行监督和控制。参与承制厂的可靠性试验，审查承制厂的可靠性分析报告；

⑦ 在承制厂可靠性分析基础上，对系统进行全面的可靠性综合分析，确保系统的可靠性设计满足设计目标；

⑧ 在系统设计的各主要阶段，结合系统设计评审进行可靠性设计评审；

⑨ 常用的可靠性分析方法有：故障模式及影响分析(FMEA)，故障树分析(FTA)以及故障分析(FA)和区域分析(ZA)。

5.4.3 飞机可靠性设计内容

飞机可靠性设计内容体现在飞机寿命设计和损伤容限设计两方面。

1. 飞机寿命设计

① 采用损伤容限设计和在全机部件疲劳试验的基础上，明确飞机的使用寿命，包括：总飞行小时及飞机出厂到第一次大修的飞行时限(小时)、总飞行次数及到第一次大修飞行次数、着陆次数、以及总使用年限及到第一次大修的使用年限；

② 在设计使用载荷/环境谱的作用下，飞机构架的经济寿命应大于设计使用寿命；

③ 飞机各个系统的机械组件、附件等的规定使用寿命，一般不应低于飞机机体的规定使用寿命；

④ 设计飞机时，应使飞机的主要承力件便于在外场进行目视、无损探伤等检查，以便及时发现损伤裂纹，保证在飞机使用寿命期内对上述机件的状况进行有效的监控；

⑤ 以可靠性为中心，制定预防性的结构检查大纲，以便有计划地对于低于飞机使用寿命的飞机构件和零件进行检查、修理或更换，及时发现飞机结构和材料上的隐患。

2. 损伤容限设计

通过对材料的恰当选择和控制，抗断裂设计概念的采用，应力水平、制造和工艺的控制，以及严密的检查程序的采用等，使飞机安全结构免于发生材料、制造和工艺缺陷给使用与维修带来有害影响。

(1) 破损安全设计

飞机构件通过多种传力途径或止裂带、局部地容纳不稳定裂纹的扩展。设计时，应提供充分的维修条件，以利于使用阶段维修人员能及时发现裂纹或局部损坏。

（2）缓慢裂纹扩展设计

采取单传力途径的“整体结构”或多传力途径的结构设计，以保证规定寿命使用期内初始损伤以稳定缓慢的速度扩展。

（3）耐久性设计

耐久性指在其整个计划的使用寿命期间能够良好地工作而无突然损坏的概率。

在选择原材料方面，应选择具有在应力下抵抗变形的物理特性，以及在长久腐蚀环境中防止变质能力的原材料。

在选择容限公差方面，应周密考查缩小或放松容限公差对机件耐久性可能产生的影响。较紧的容限公差可能提高机件的耐久性和可靠性，但也可能因为过于昂贵的制造与检查时较高的报废率而难以采纳。放宽的容限公差可以降低制造费，但有可能由于磨损加剧导致提早更换而增加了维修费用。

在环境条件方面，应根据飞机飞行和工作环境，制定出化学和环境谱，以表示各种环境的情况（即强度、持续时间、频率等）。

5.5　飞机维修性设计

5.5.1　维修性概念

维修性指产品在规定的条件下和规定的时间内，按规定的程序和方法进行维修时，保持或恢复到规定状态的可能性，或表示对可修件进行维修的难易程度。它综合反映维修飞机及机件所需的工作量大小、人员多少、费用高低，以及维修保障设施先进还是落后。

5.5.2　维修性设计要求

1. 维修性通用准则

维修性设计的通用准则包括以下几个方面：

① 一般要求与目标；

② 使用维护简便原则；

③ 可达性设计与要求；

④ 互换性要求与目标；

⑤ 缩短飞机地面停机时间，提高飞机利用率；

⑥ 降低维修费用；

⑦ 零组件更换目标；

⑧ 故障隔离要求与目标；

⑨ 维护工作中心要求与目标；

⑩ 润滑和服务要求与目标；

⑪ 防插错设计要求与目标；

⑫ 维护安全性要求与目标；

⑬ 与维修有关的人机工程设计；

⑭ 机载设备维修性设计要求；

⑮ 对转承制产品维修性控制要求；

⑯ 工具和地面设备要求与目标。

2. 维修性定量要求

维修性定量指标包括平均修复时间(MTTR)、每飞行小时维修工时(MMH/FH)、直接维修费用、过站再次离站时间、往返飞行再次离站时间、零部件、LRU 更换时间要求和可靠性、维修性综合指标。

5.5.3 维修性设计程序

飞机制造商在进行飞机研制时都应制定详细的维修性设计程序，图 5.16 所示为典型机型维修性设计程序的主要内容。

1. 编制维修性大纲及大纲工作计划

编制维修性大纲是为了使飞机研制一开始就有计划、有组织、有措施而又经济有效地达到或满足已确定的维修性设计要求，以提高飞机固有的维修性能，降低维修成本。

维修性大纲工作计划是用来确定和规划飞机在研制、生产、使用各阶段维修性设计任务的内容、进度、要求、保障条件、经费支持以及有关的组织管理和技术措施。

2. 制定维修性设计要求

维修性设计要求，是将维修性大纲确定的维修概念、维修性设计目标、约束条件等转换成产品的维修性设计具体要求。维修性设计要求将和型号设计中的其他规范性文件一样，作为产品设计时必须遵循的指令性文件贯彻于飞机设计始终。

3. 定量指标分配与维修性预计

根据整机(或系统)确定的维修性设计定量指标，按需要与可能将其分配到各功能系统、分系统及各功能部件，以此作为各自的维修性设计定量要求。维修性设计定量指标分配是一个反复的过程，随着设计的深入而不断完善。

在方案设计阶段，可用某种定量的方法对整机和系统(或产品)的维修性能进行预计，以提出维修性设计中的关键问题和薄弱环节，为指标调整、系统(或产品)改进、结构设计提供合理的依据。提前判断飞机设计方案是否能满足规定的维修性设计要求。

4. 维修性设计实施

完成工程图样和技术文件的维修性设计工作任务，实现预定的“维修性设计要求”。

5. 维修性验证与用户评价

维修性验证是通过试验或实践来证明所研制的产品是否满足(或达到)预期的维修性设计目标。产品研制过程中应尽可能争取用户参加各阶段维修性设计活动与评审，以取得用户意见，从而不断改进设计，满足用户要求，流程如图 5.16 所示。

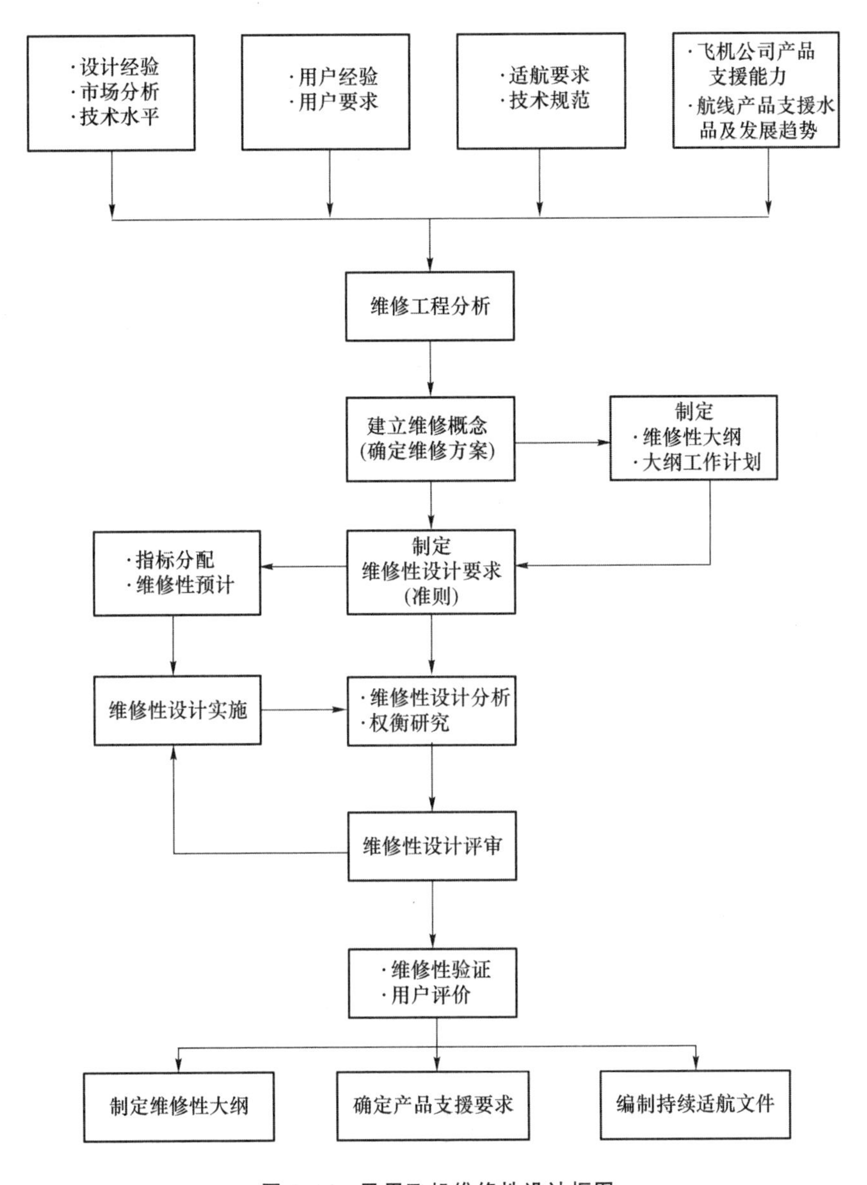

图 5.16　民用飞机维修性设计框图

本章思考题

1. 飞机安全性与适航的关系。
2. 可靠性是什么？简述可靠性与安全性的区别与联系。
3. 失效—安全原则是什么？

第6章 飞机系统安全性评估

6.1 系统安全性评估概述

为了对飞机系统安全性有定量或定性的描述，以证明系统的安全性设计满足相关标准和规定的要求，需要用科学实用的方法开展系统的安全性评估。

安全性评估是一种结构化的体系，用于提供可信的和经确认的证据，表明系统在规定的构型及使用环境条件下是足够安全的，即用一系列文件提供的客观证据表明，按照规定的建议和限制条件使用时，系统可被认为在投入使用时是“足够安全”的。安全性是系统固有的、而非外加的属性。因此，应该在系统研发全生命周期中融入安全性要求，安全性评估活动也要从系统设计最初开始启动。

6.1.1 系统安全性评估的目的与目标

1. 系统安全性评估的目的

开展系统安全性评估的目的是：

① 采取及时、节约成本的方式将安全性设计融入到系统中；

② 定义、跟踪、评估和消除与每个飞机子系统相关的危险或者将相关风险降低到可接受水平；

③ 考虑并使用安全性的历史数据，包括其他系统的经验教训；

④ 在接受和使用新技术、新材料或者新设计时，以及在接受和使用新的生产、试验和操作技术过程中，确保风险最低；

⑤ 用来消除危险或者将风险降低到可接受水平的措施并进行记录；

⑥ 设计、构型或任务要求更改时，确保由此带来的风险保持在原定的可接受水平；

⑦ 确定用于支持和保证安全性假设与声明的程序和培训要求；

⑧ 审核有关安全性的不足或者过度严格的设计准则，并建议通过研究、分析或者试验数据对新的设计准则进行支持；

⑨ 让项目组了解系统安全性，以及如何在设计中减缓危险；

⑩ 避免为了创新而没有理由的复杂化及创新化。

2. 系统安全性评估的目标

系统安全性评估要达到以下目标：

① 表明危险发生概率和其危险影响的严重程度之间存在反比关系；

② 表明该设计能够确保工作人员在制造、维护或者运行中不会造成不必要的错误；

③ 表明系统适用于该系统将运行的环境条件（运行环境可能涉及大气温度、压力、加速度、振动等不利事件）。

3. 系统及其安全性之间的关系

在进行系统安全性评估之前，首先要了解系统的定义。系统指的是构成一个统一体的相关要素的集合。在进行系统安全性评估时，第一步应当确定安全性评估的目标层次以及相应的评估范围。安全性是系统的属性，通常无法从个别系统组件的安全性来表明整个系统的安全性。零部件的符合性声明与证据的综合不能形成完整的部件安全性评估。相反，这些仅仅是构成安全性验证过程中(如已经识别的危险、故障模式及其发生概率)的“可用”素材。因此，系统安全性评估不仅仅要考虑某一系统内的所有组件，而且需要考虑实现所需功能的安全相关系统。这些安全性评估素材被视为是安全性评估的模块，重要的是理解这些模块中做出的声明、假设所展示的证据。只有这样，才能在系统安全性评估时灵活地应用这些信息。

系统安全性不仅仅是部件安全性的综合，系统安全性与其运行环境有密切的联系。在大多数情况下，安全性通过一定数量的系统或子系统或部件的集成来实现，并取决于不同的技术(机械、液压、气动、电气、电子、可编程电子技术等)，随后被纳入到系统能够安全运行的环境中，表6.1所列是某系统的层级关系示例。

表6.1　某飞机系统层级结构

系统名称	层　次	示例构型
作战部队	8	国　防
联合作战部队	7	联合作战部队
用户系统	6	支持系统、空地勤人员、设备、空中中队
产品系统	5	飞机、武器、模拟器、保障设备
产　品	4	飞　机
产品子系统	3	发动机、机身、航电设备
部　件	2	涡轮叶片、仪表、起落架
材料性能和工艺特性	1	铸件、铝、钛、碳纤维

4. 规划安全性评估

不同系统的组成不同，因此其安全性评估的内容存在差别。为了确保安全性评估活动科学有序的开展，同时与系统的研发生产等活动有机结合，并满足不同部门人员对安全性评估活动的参与，必须对安全性活动进行合理科学的规划。规划安全性评估工作涵盖以下几个方面：

(1) 相关部门和人员

安全性评估能否取得成功，要求在所有相关部门和人员之间建立起密切的工作关系和共识。因此，需要识别在评估中有着利益关系的决策者及各方参与者。

(2) 安全性/风险标准

安全性/风险标准确定了最高级别的系统安全性要求或者目标。适航当局在判别不同危险/事故类别标准方面有着不同的定义。为了能够客观地区分和评估所存在的不同危险情况，重要的是准确定义安全性概念并分配量化的指标，这是系统要实现的“可接受的安全”的标准。

(3) 系统层级

由于不同系统层级进行的安全性评估要求和内容不同，因此必须首先定义进行安全性评估的系统层级，按照层级开展评估活动。

(4) 系统描述

系统需要在物理和功能操作的接口方面进行定义描述。描述应包括所包含的各系统、所执行的功能(包括各种运行模式)、所运行的环境/包线、与其他系统间的接口及其相互之间存在着的功能和物理界面以及在改型时对原有系统的删除。如果评估工作相关人员不了解这些界面，则有可能忽略某些至关重要的部分。而且，这些界面有助于进行责任划分，尤其是当分包商的产品整合到更复杂的系统中时。为了简单明了，便于参与和评估人员快速理解，系统描述最好采用图标等形式。

(5) 论　证

进行安全性论证。如何证实系统的安全性可接受？通常可通过安全性计划中的说明或者初步安全性评估来证实。

(6) 规划与计划

安全性评估活动需要确定何时、何人来实施何种安全性工作。在系统全生命周期内开展安全性工作，最重要的是在适当的时间完成适当的工作。如果系统安全性评估用于确定安全性要求并影响到设计方案，那么，安全性计划需要整合到研制过程中。

6.1.2 安全性准则

进行安全性评估，必须明确安全性要求，即提出安全性准则，针对不同的事故危害提出安全要求。根据安全性准则的要求，采取相应的安全性设计措施。具体讲，需要对故障的发生概率(见表6.2)、故障类别及风险的危害度(见表6.3)进行量化。建立危害风险矩阵，如表6.4所列，分别对不同的危害提出具体要求。

表6.2　定性/量安全目标

经常的	合理可能的	微小的	概率极小的	极不可能的
无要求	$10^{-5}<p\leqslant10^{-3}$/飞行小时	$10^{-7}<p\leqslant10^{-5}$/飞行小时	$10^{-9}<p\leqslant10^{-7}$/飞行小时	$p\leqslant10^{-9}$/飞行小时
无安全影响	较小的	较大的	危险的	灾难性的
事故条件预计会发生多次	在每架飞机全生命周期内，事故条件预计会发生一次或者多次	每架飞机在其生命周期内似乎不可能发生，但在考虑多家该型飞机时，故障条件有可能发生多次	在考虑所有该型飞机的全生命周期时，故障条件似乎不可能发生，但无论如何必须考虑存在发生可能性	在所有该型飞机的全生命周期内，故障条件预计似乎不可能发生的

表6.3　故障严酷度分类

	无安全影响	较小的	较大的	危险的	灾难性的
故障定义	故障条件不会以任何方式影响飞机安全性	故障条件在机组人员能力范围内，不会大幅度降低飞机的安全性，但需要采取相应措施	故障条件有可能降低飞机性能，或者降低机组处理不利操作条件的能力	故障条件可能大幅度降低飞机性能，或者严重地降低机组处理不利操作条件的能力	有可能阻碍继续安全飞行与着陆，通常会造成飞机损毁

续表 6.3

	无安全影响	较小的	较大的	危险的	灾难性的
故障的影响或后果	充其量是一件令人讨厌的事	轻微降低飞机的安全性裕度或功能。略微增加机组的工作负担。可能需要某些操作限制或采取应急措施	显著降低飞机的安全裕度或功能能力。大大增加机组人员的负担并影响其工作效率。导致乘客不适感并有可能使乘客受到伤害。要求某些操作限制或采取应急措施	大幅度减低飞机的安全裕度或功能能力 造成身体痛苦或者较高的工作负担，从而导致飞机机组人员无法精确或者完整地执行任务。导致相对较少的乘客受到严重或者致命的伤害	多人死亡，通常情况下飞机损毁

表 6.4　危害风险因子的矩阵示例

事故概率(定性)	灾难性的	较大的	较小的	可忽略的
经常的	1	3	7	13
可能的	2	5	9	16
偶尔的	4	6	11	18
微小的	8	10	14	19
不可能的	12	15	17	20

如表 6.4 所列，风险因子范围在 1～5 为高风险，不可接受，需采取设计更改或者其他措施；范围在 6～11 为中度风险，根据客户/安全管理评审确定其可接受性，需要有正当理由；范围在 12～20 为低风险，经安全性工作小组审核通过后可接受。

6.1.3　研制过程中的安全性

项目研制的目标是生成满足合同要求的系统，设计要求必须得到满足，安全性也是众多的设计要求之一。因此，安全性评估过程是研制过程的固有部分。

在概念设计阶段，设计的输入要求信息较少，因此设计人员享有较大的设计自由度，并且设计与设计更改的成本都处于较低的水平。随着设计的不断深入，设计的详细信息越来越多，设计自由度下降，如果发生设计更改，相关成本逐渐增大。图 6.1 说明了随着系统从全生命周期的一个阶段进入到下一个阶段，尤其是经过关键设计评审阶段后，安全性设计影响系统特性的能力快速减小。如果在设计后期由于不满足指标要求而需要进行重大设计更改将会对系统的设计带来严重的影响。这说明下游碰到问题显示出上游问题没有得到足够重视，这种现象应该避免。

由于安全性评估可能对系统架构造成影响，因此，在研制过程中应尽可能早地开展所需的

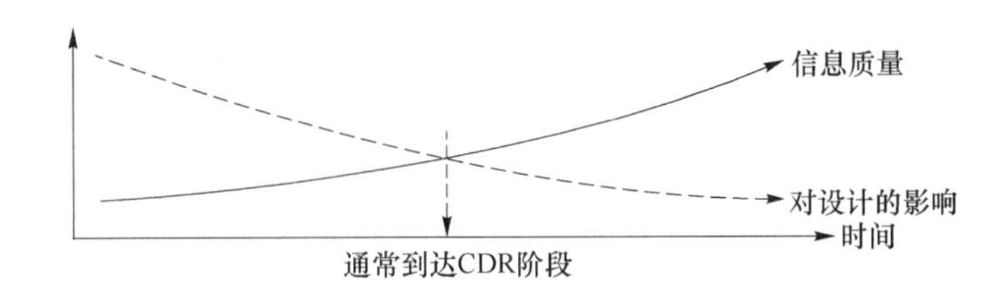

图 6.1　安全性影响和产品生命

安全性设计，并融入到研制过程中。如图 6.2 所示，V 形图显示了一个简化了的系统开发过程。左半部表示的是从上到下一直到下层部件的设计过程。右半部说明了这些部件如何一步步地集成为子系统和系统，同时，在每一层次上都要进行设计验证。

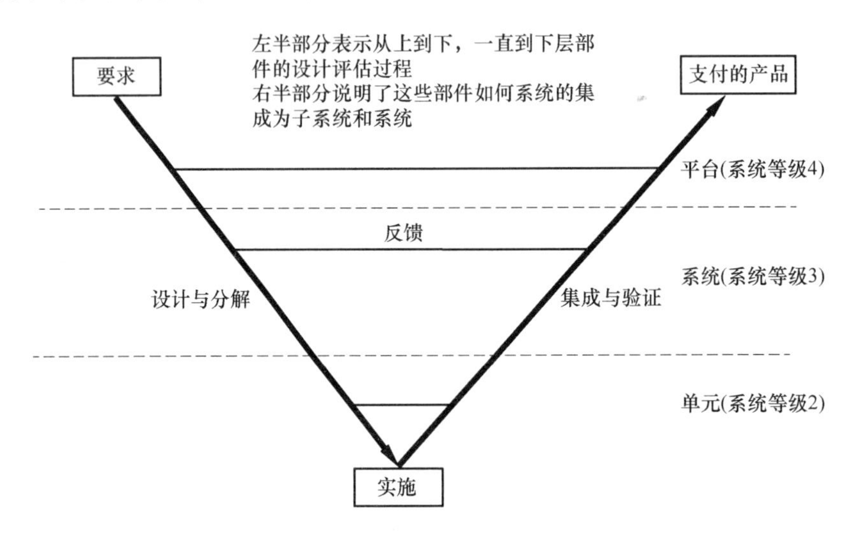

图 6.2　开发过程

为了有效地进行设计，安全性评估必须作为研制过程的一个不可分割的组成部分。系统安全性评估工作应与系统验证过程相配合、相协调。安全性评估过程包括要求的产生与验证，用以支持研制活动。与研制活动相类似，安全性评估过程本质上具有迭代性。随着研制过程的深入，安全性评估过程也在不断深入。安全性评估工作包括的内容有，首先确定安全性要求、从适当的系统层级开始，将这些要求向下分解到子系统/单元/部件层级中；其次，当设计不能满足安全性要求时，定量/性评估所建议的设计方案并采取措施；最后，收集安全性评估证据，表明已经遵循了可接受的过程，来确保在所交付的系统中集成了可接受的安全等级。安全性评估的步骤包括，首先，从概念设计开始，就要获得相关的安全性要求；其次，以实现合格审定为目标进行要求的验证，为支持设计更改提供证据；接着，随着设计工作开展，对设计更改进行重新评估；最后，生成安全性评估报告。图 6.3 所示说明了飞机安全性评估过程和系统研制过程之间的对应关系。

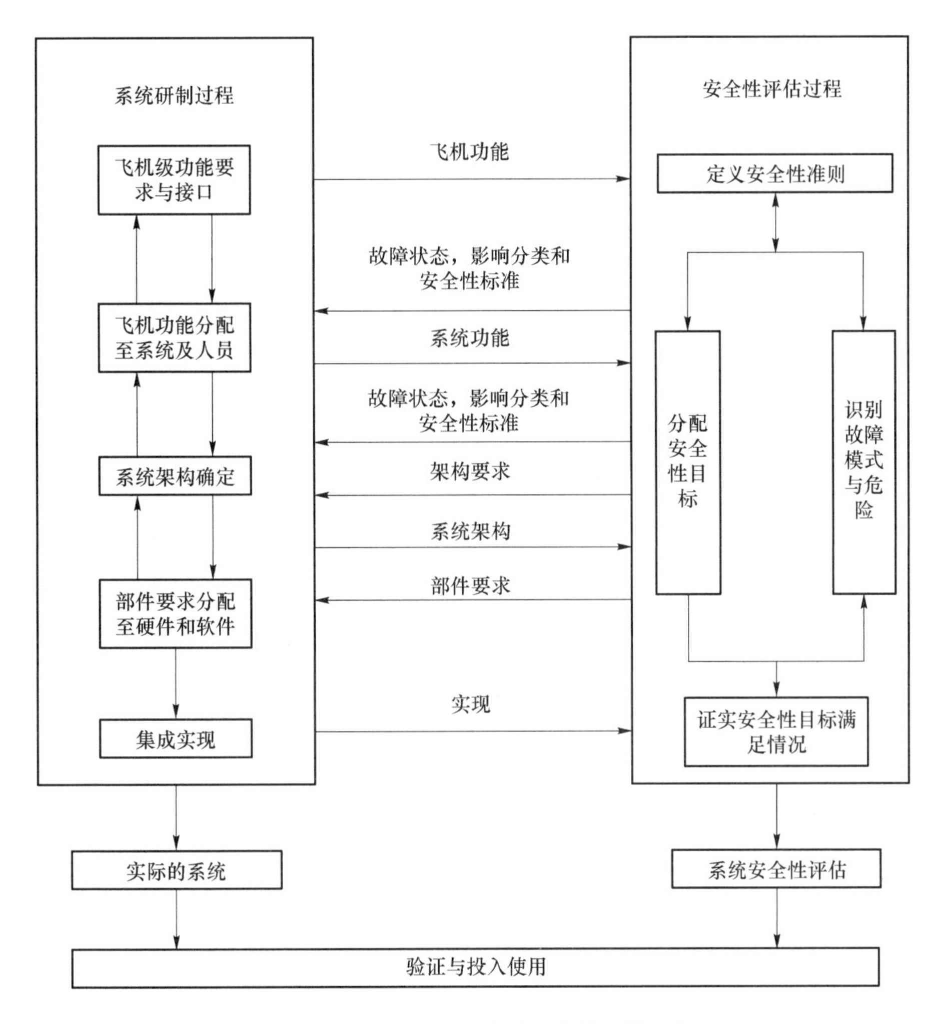

图 6.3　系统研制过程中的安全性评估工作

6.1.4　安全性评估过程建模

安全性评估过程建模是分析和了解安全性评估过程的一个有效的形式。常用的建模方法有硬件系统方法如图 6.4 所示和软件系统方法如图 6.5 所示。这些方法的实施过程具有迭代性。应用于安全性评估过程的硬件系统方法可以剪裁，包括以下步骤：

1. 识别并关联问题的属主/决策者

首先应该明确系统的决策者，包括项目经理、客户和验收部门。这些相关部门和人员在步骤 4 中确定用作评估的标准并提供实现所需解决方案(步骤 9)的资源。

2. 定义评估目标

评估目标可由用户定义或者取自法规中的规定。

3. 系统描述

准确描述系统所实现的功能、包含的设备、环境条件以及与其他系统之间的界面。如果这些界面不明确，而某些重要部分信息可能会在评估过程中被忽略进而产生问题。

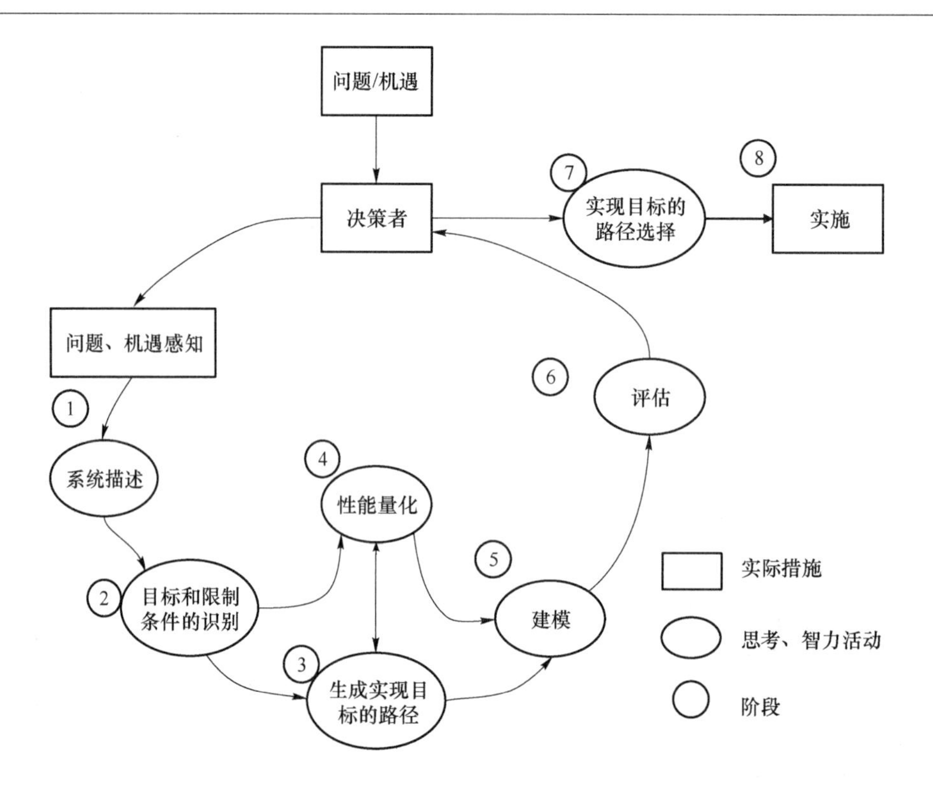

图 6.4 硬件系统方法

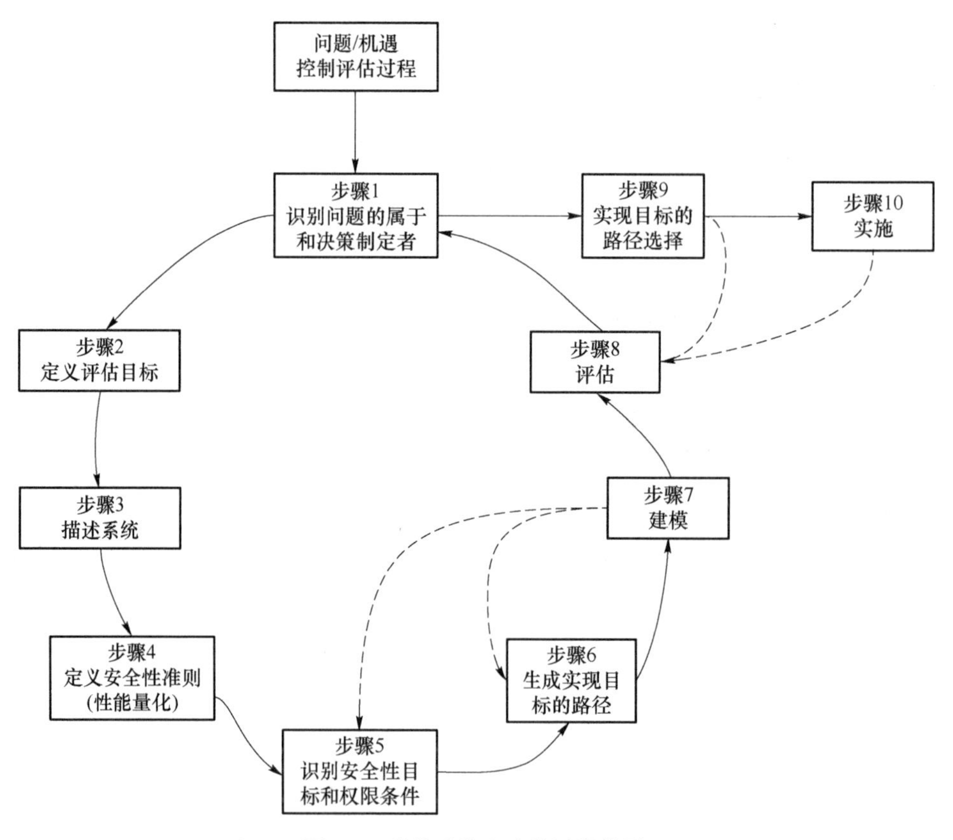

图 6.5 软件系统方法的过程模型

4. 定义安全性准则

为了指导安全性评估过程，有必要首先定义判断危险可接受程度的准则。这些定义是理解所提供数据的基础，而所提供数据作为“安全性可接受准则”的结果形成了被评估系统最终系统安全性评估报告所依据的基线标准。

5. 识别安全性目标和限制条件（系统功能、部件特性等）

识别并分类如下因素导致的危险状态：

（1）系统功能以及功能组合

设计阶段早期最常用的工具是功能危险评估。随着设计的成熟，随后由其他故障预测评估技术来补充评估工作（如区域危险评估）。根据选定的安全性标准，需按照其严酷度（较小的、较大的、危险的和灾难性的）对所有故障模式进行分类。每一故障模式分类均分配有一个定量的或者定性的安全性目标，并且需要得到适航当局的同意。

（2）部件特性（如危险材料或者操作准则）

如果步骤 2 中的目标需要对上述要素加以强调，可通过危险识别工具/技术识别这些危险，如特殊风险分析、危险与可操作性分析等。随后，每一危险必须分配定量的或者定性的安全性目标，并需要得到相应的适航当局的认可。

6. 生成实现目标的路径

根据前面确定的工作内容，利用软件工具生成实现目标的路径。

7. 建　模

到了建模阶段，应该说设计工作已经完成了重要的起步阶段，系统架构也正在各种模型中形成。反过来，安全性评估过程需要建立定性与定量模型，以对不期望的意外事件或故障发生的可能性进行分析。在识别了任何潜在危险的影响之后，下一步便是确定哪些系统状态将会产生这些影响。因此，需要开展分析工作，确定将会引致适航要求中所列影响的所有故障条件及其组合。

8. 评　估

在本步骤中，所获的概率结果将与步骤 5 中指定的目标进行比较，存在下面的两种情况：

① 对于以目标为基础的方法，所有偏差内容都应获得适航当局的认可；

② 对于以风险为基础的方法，可能会发现某些事故的风险等级高于最初预期的等级。

9. 目标实现路径的选择

理想情况下，应以一种能够保证安全性目标实现的方式展开设计，即部件选择、系统架构以及集成方式。必须选择最佳的目标实现路径。定性目标与限制条件将会对利益相关方产生影响，应依据成本—收益分析结果进行权衡，以确保风险尽可能低。

10. 实　施

安全性评估实施过程是定向的活动，表示实际完成设计所必须开展的具体工作应该满足全部所要求的目标。理论上讲，从一个完整的研制过程来看，在设计实施开始之前就应该对要求进行确认。然而，实际上，尤其是对复杂与综合系统来说，在实施研制的系统是适合的且能够在其运行环境条件下进行试验之前，为了满足要求而产生的全部结果实际上并非是可视化的。实际上，确认工作通常分段实施并贯穿于整个研制周期。在每一阶段，确认工作逐渐提供要求的正确性与完整性的证明。

由于不同系统的复杂性不同，因此安全性评估工作没有通用的方法或规定。通常根据系统的特点选择适合的评估方法，或者采取多种评估方法进行综合评估。常用的评估方法包括基于风险的方法和基于目标的方法两种，本章下文将详细介绍这两种方法。

6.2 概率基础

概率通常在飞机系统安全性评估中被经常采用，比如飞机的适航审定需要提供证据表明导致灾难性后果的单个故障序列的发生概率需维持在足够低的水平。这形成了一项通用原则，即功能丧失或故障（导致严重的故障条件）发生的概率与它对飞机及机上人员造成的危险级别存在着反比关系。

由于系统复杂性的提高，依靠直觉“感觉”的概率方法已被定量概率评估方法所取代。概率评估方法通常适用于以下情形：

① 定义安全性所要求的系统架构；

② 检查冗余是否足够；

③ 评估系统的故障容忍度；

④ 确定所需的必要检查周期，以限制未探测到的故障的发生；

⑤ 确定在正常与故障条件下性能变化所产生的影响是否可接受；

⑥ 确定飞机在起飞之前容许出现何种设备缺陷，以及在此种情况下应采用何种限制措施。

6.2.1 定量评估基础

1. 常用符号

F——频率（如事件发生的平均速率）

R——可靠性（如成功率）

Q——事件不发生的概率（如无故障的概率）

P——事件发生的概率（如故障概率，$P=1-Q$）

p——单位时间内的概率（通常单位时间为 1 h）

λ——$\lambda=1/\mathrm{MTBF}$（如果故障率恒定，则 $\lambda=p$）

T——固定时间段

t——耗时

2. 概率等级

“概率”一词用于表示随机事件发生的可能性。概率通常用 n（成功次数）与 N（试验次数）之间的比值进行表示。

$$P=n/N(0\leqslant n\leqslant N)$$

$$0 \leqslant P \leqslant 1$$

概率数值通常在 0(表示没有)至 1(表示确定)的范围之内。图 6.6 旨在按比例投影出概率等级。“P”表示事件的发生概率，为无量纲数据。概率表明故障、错误或事故可能发生，即使其出现的间隔时间很长，或者需要经历相当多次的运行。概率无法准确指出事故将出现在何时、何次运行中或具体涉及何人。事故可能出现在首次、末次或任何中间阶段的运行之中，但事故出现的概率不变。在航空工业中，大家感兴趣的是在每飞行小时内出现故障的概率。

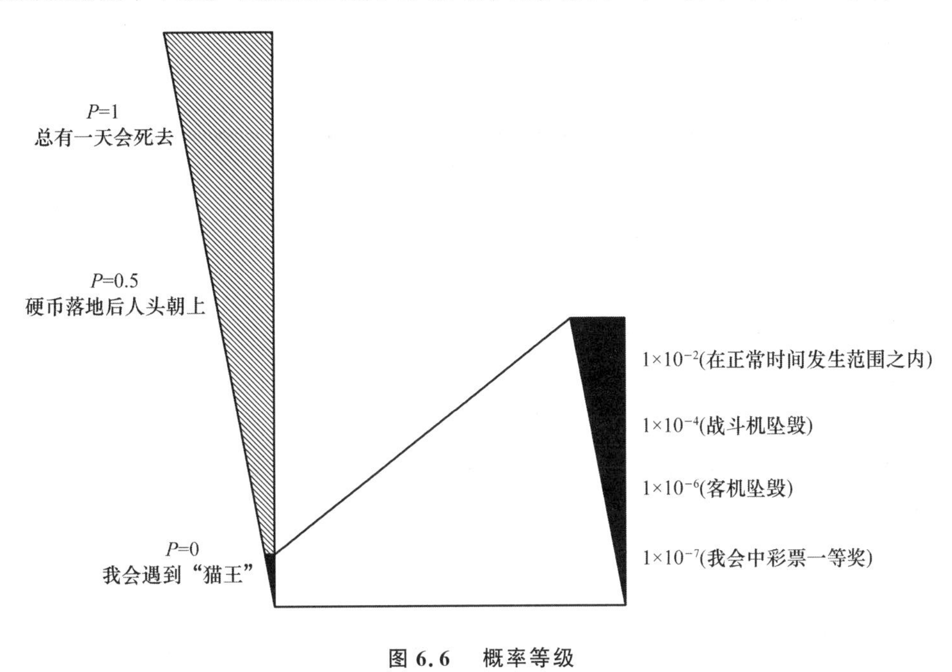

图 6.6　概率等级

3. 浴盆曲线

部件(零件或子系统)的故障率并非恒量，在其全生命周期内包括三个阶段。第一阶段，故障率相对较高，但是会随着时间的推移而逐渐降低。该阶段被人们称为“早期失效期”或“老练期”。在第二阶段中，故障率较低，且基本上保持不变。恒定的故障率是故障表现出来的一种特征，与设备的使用时长无关。在第三阶段中，故障率再次上升。由于受到寿命或使用方面因素的影响，通常故障率上升速率都非常快，这些类型的故障率都会随着使用时间或使用程度(在两种因素中选择合适的一个)而逐渐提升。这三个阶段共同组成了如图 6.7 所示的曲线，其形状看起来像是浴盆的纵截面。早期失效期故障通常可归因于制造、维护或设计的不充分。它会降低部件、设备或系统的环境适应能力。在产品全生命周期初期，早期失效期故障率相对较高。

系统中硬件通常遵循浴盆曲线的发展轨迹，在大部分运行周期中其可靠性都保持恒定。在耗损故障的故障率上升至不可接受的水平之后，部件的实际使用期结束。因此，通过剔除早期故障，且在部件进入耗损期之后马上对其进行更换的方式，可以使部件的故障率在其整个使用期内都保持恒定，这种做法通常被人们称为预防性维修。

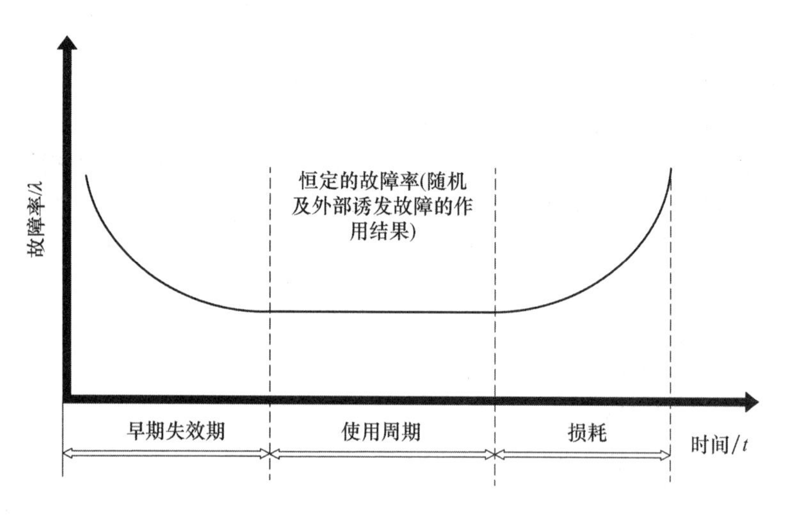

图 6.7　浴盆曲线

4. 故障率 λ、概率 *P* 与 MTBF 之间的关系

故障率 λ 为平均故障间隔时间(MTBF)的倒数。MTBF 指的是系统无故障运行的平均时间，它的一个重要特征就是它是一项整体特性，适用于群体事件，而非仅适用于具体事件的样品特性。所以在故障率恒定的阶段，$\lambda=1/\mathrm{MTBF}$，图 6.8 所示为故障率和概率曲线。

$$\lambda=1/\mathrm{MTBF}$$

$$P=1-\mathrm{e}^{-\lambda t}$$

$$P=1-\mathrm{e}^{-t/\mathrm{MTBF}}$$

当 λt 的数值不超过 0.01 时，$1-\mathrm{e}^{-\lambda t}\approx\lambda t$，则

$$P\approx\lambda t\approx t/\mathrm{MTBF}$$

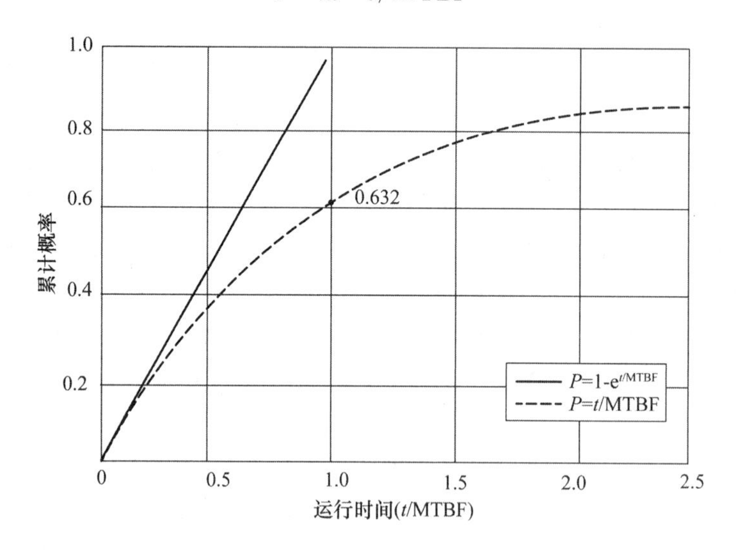

图 6.8　指数故障曲线

假设 1 000 个部件，每个部件故障率均为 10^{-3}/h。运行 100 h 后，累计时长 100 000 h。预计 100 个部件出现故障，则剩余 900 个继续运行 100 h，则预计 90 个出现故障，因此剩余部件

越少，故障出现的数量也减少。故障曲线初期是线性的，λt 不超过0.01。

问题：在到达MTBF之前，是否有类似设备会出现故障？

解答：此时时间 t=MTBF，出现故障的概率为

$$P=1-e^{-t/\mathrm{MTBF}}=1-e^{-1}=0.632$$

因此可以得出，在实际到达MTBF点时，63.2%的设备会出现故障或者需要修理。在MTBF概念基础上对产品的可靠性进行比较时，应注意，MTBF为非标准测量数据，MTBF仅用于统计学目的，MTBF仅适用于产品的服务期之内，在该时间点之后，故障率便无法得到推断或保证。

5. 概率与可靠性

可靠性是装备或系统实现设计的能力，对故障的抗性或在规定的时间间隔内及指定条件下，功能性单元执行所需功能的概率。可靠性随MTBF的增长而提高。

故障概率为 P，可靠度（不出现故障的概率）为 R，存在以下关系：

$$P+R=1$$

$$P=1-e^{-\lambda t}$$

$$R=e^{-\lambda t}$$

如果产品可靠性为 0.9×10^{-4}/飞行小时，则在其正确使用，一个全新产品运行10 000 h没有出现故障的概率为0.9。结论：如果 $R=0.9$，则 $R=e^{-\lambda t}$，则 $\lambda=-\ln(0.9\times10^{-4})=1.05\times10^{-5}$/飞行小时。

在对飞机系统的构成部件的多种故障的形成、概率进行研究之前，先介绍一些基本概念。

6. 相关事件

投掷硬币，H代表正面朝上，T代表背面朝上。则 $P_H+P_T=1$。硬币落地时，正面背面同时朝上的概率为 $P_H\cdot P_T=0$，这被视为是相关事件。此种现象永远不会发生，如表6.5所列.

表6.5　相关事件概率

正面(PH)	反面(PT)
√	×
×	√

7. 独立事件

独立事件可以同时发生，表6.6所列的所有可能事件的组合为

$$P_AP_B+P_AQ_B+Q_AP_B+Q_AQ_B=1$$

$$P_{(A与B)}=P_AP_B$$

$$P_{(A或B)}=P_AP_B+P_AQ_B+Q_AP_B$$

由 $Q=1-P$，得

$$\begin{aligned}P_{(A或B)}&=P_AP_B+P_A(1-P_B)+(1-P_A)P_B\\&=P_AP_B+P_A-P_AP_B+P_B-P_AP_B\\&=P_A+P_B-P_AP_B\end{aligned}$$

当概率数值较小时（10^{-3}以下）

$$P_{(A或B)}\approx P_A+P_B$$

表 6.6　独立事件概率

事件 A	事件 B
√	√
√	×
×	×
×	√

8. 互斥事件

两个事件相互排斥，可能出现一个事件或另一个事件，但不可能同时出现，如表 6.7 所列。

$$
\begin{aligned}
P_{(A或B)} &= P_A Q_B + Q_A P_B \\
&= P_A(1-P_B)+(1-P_A)P_B \\
&= P_A - P_A P_B + P_B - P_A P_B \\
&= P_A + P_B - 2P_A P_B \\
&\approx P_A + P_B
\end{aligned}
$$

表 6.7　互斥事件概率

事件 A	事件 B
√	×
×	√

9. 组合事件

以两个普通且具有相同故障概率的单元 A 和 B 为例。可推断出：

① A 与 B 同时出现故障，概率为 P^2；

② A 出现故障，B 没有出现故障，概率为 PQ；

③ A 没有出现故障，B 出现故障，概率为 QP；

④ A 与 B 都没有出现故障，概率为 Q^2.

组合事件的概率组合如表 6.8 所列。

表 6.8　组合事件概率

单元数量	故障数量			
	1	2	3	4
1	P			
2	$2PQ$	P^2		
3	$3PQ^2$	$3P^2Q$	P^3	
4	$4PQ^3$	$6P^2Q^2$	$4P^3Q$	P^4

10. 串联部件

如何计算包含一套串联部件组成的系统出现故障的概率，图 6.9 所示为一套串联式系统。

问题：系统输出中出现故障的概率是多少？

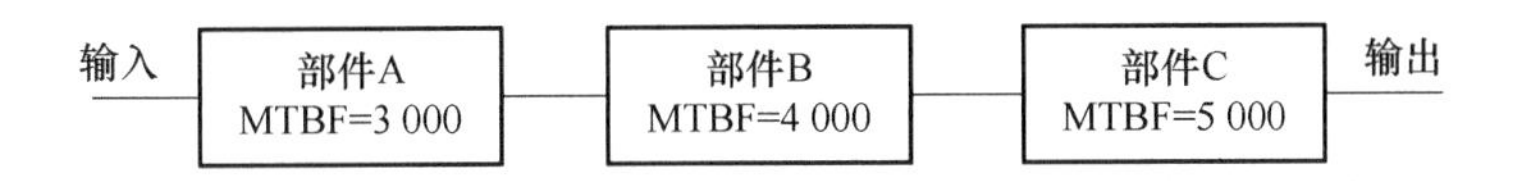

图 6.9　串联部件概率

解答:如果 A、B 或 C 出现故障,则系统输出都会出现故障,

因此,

$$P_S = P_A + P_B + P_C = (1/3\ 000 + 1/4\ 000 + 1/5\ 000)t$$
$$= (7.8 \times 10^{-4})t\left(t \text{ 较小时}, P \approx \lambda t \text{ 且 } \lambda = \frac{1}{\text{MTBF}}\right)$$

因此,对于平均 4 飞行小时的时长来说,计算的概率结果如下:

系统出现故障的概率为 3.1×10^{-3};

每飞行小时系统出现故障的平均概率为 $p_S = 7.8\times10^{-4}$。

11. 并联部件

如何计算包含一套并联部件组成的系统架构出现故障的概率。如图 6.10 所示以 3 台相同发电机的三重完全主动式冗余系统为例)。

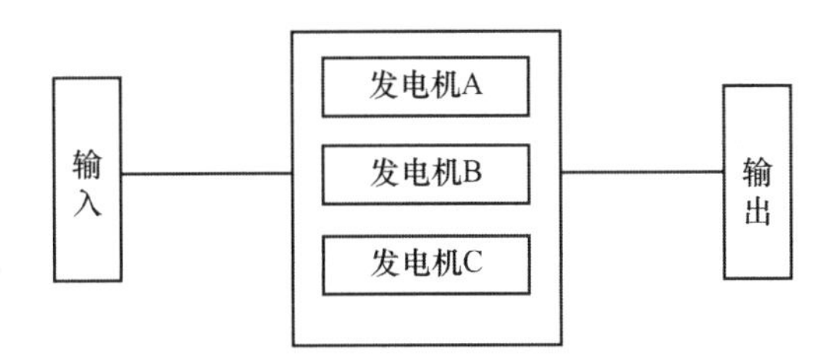

图 6.10　并联系统

系统中可能出现的故障组合为:

3 台发动机都出现故障:A 与 B 与 C 概率 $P\times P\times P = P^3$

2 台发动机出现故障:

$$P^2_{(\text{A与B})} + P^2_{(\text{B与C})} + P^2_{(\text{A与C})} = 3P^2$$

单台发电机发生故障(A 或 B 或 C):$3P$

系统故障概率:P^3

综上所述,在增加冗余通道后,整个系统故障的发生概率降低了。

6.2.2　评估程序

我们可以使用多种定性及定量工具统计不期望事件发生的概率,具体评估程序如下。

1. 描述系统的运作方式

示例:以包含如下组成部分的系统为例

主系统(记为 M);

告警系统(记为 W,当主系统发生故障时采用);

备用系统(记为 S)。

系统描述:

M 在飞行期间连续运行。如果在飞行前检查中发现主系统无法运行，则驾驶员依据指导手册取消飞行。

在发现告警之后，检查 M 的功能；如果主系统的确出现故障，则切换到 S。

仅能在地面上对 S 与 W 实施检查，且只能在规定的检查间隔中进行这种检查。

2. 明确不期望事件概率

对于不期望事件(如危险性的状态)要明确其概率。如若适用，引述该事件的严酷度评估以及所分配的安全性目标。

示例(续)：

总系统故障将会引致危险性的事件，其出现的概率不应超过 1×10^{-7}/飞行小时。

3. 收集数据

收集评估所需的数据，包括或参考所有经证实的数据。

示例(续)：

平均飞行时长：$T=2$ 飞行小时(假设)；

备用系统检查周期：$T_S=100$ 飞行小时；

告警系统检查周期：$T_W=50$ 飞行小时；

在运行状态下主系统出现故障的概率：$p_M=10^{-4}$/飞行小时；

在运行状态下备用系统出现故障的概率：$p_S=10^{-3}$/飞行小时；

备用系统隐蔽故障的出现概率：$p_{SI}=10^{-5}$/飞行小时；

告警系统隐蔽故障的出现概率：$p_{WI}=10^{-4}$/飞行小时。

在本评估范围内，人为差错(例如，没有注意到告警信息或没有对其采取行动，没有开展地面检查工作等)出现的概率不予考虑。

4. 定义系统状态

定义所有可能导致该危险性的状态出现的情形(系统状态)。

示例(续)：

若要系统完全失效，则首先必须是在飞行期间出现主系统故障。该故障条件随后可以在两种情况下引致系统功能失效：

① 如果飞行员没有能够切换到备用系统；

② 如果飞行员实施了切换，但是备用系统当时已经故障或随后出现了故障。

5. 精确定义能够引致非期望事件的故障序列

示例(续)：

① 因为这里假设飞行员将始终能够注意到告警信号，所以在系统出现故障时导致没有实施切换的唯一原因就是告警系统发生了故障。

主系统出现故障的概率为：$P_M=p_M\cdot T$

告警系统出现故障的概率取决于当时与最后一次检查工作相隔的时间(也就是说，在检查工作刚刚完成之后，故障发生概率被视为 0，而在下一次检查工作刚开始之前，故障出现的概率为 $p_{WI}\cdot T_{WI}$)。因此，假设 $P_W=p_{WI}\cdot T_W/2$ 得出

$$P_S=p_M\cdot T\times p_{WI}\cdot T_W/2=5\times10^{-7}(\text{每次飞行})$$

② 对于这种情况来说，需要考虑两种故障序列：

a）在飞行员开展切换工作时备用系统无法运行，这种情况与告警系统发生隐蔽故障等同。因此 $P_S = p_M \cdot T \times p_{SI} T_S / 2 = 1 \times 10^{-7}$（每次飞行）。

b）在飞行员开展切换工作之后备用系统才出现故障。

$$P_S = p_M \cdot T \times p_S T / 2 = 2 \times 10^{-7}\text{（每次飞行）}$$

6. 概要说明危险事件发生的概率

示例（续）：

因此，此种危险出现的概率为（1）$+a+b = 8 \times 10^{-7}$（每次飞行）。因为平均飞行时间为 2 h，所以在此次飞行期间出现此种危险的概率为 4×10^{-7}，即 $p^S = 4 \times 10^{-7}$/飞行小时。

7. 结果考量及措施

对概率评估结果的可接受性予以考虑。如果与其后果相比概率水平过高，则需要考虑所应该采用何种措施

示例（续）：

选项 1：显然，p_M在全部 3 个故障序列中直接作用于平均概率。因此其可靠性的提升可以从整体上按比例体现出来。

选项 2：故障次序 a 对概率产生的影响最大，如果飞行前对告警系统进行检测，则可以减小此种影响。其出现概率 $p_M p_{WI} T^2 / 2 = 2 \times 10^{-8}$（每次飞行）。

选项 3：同样，可以通过飞行前检查，降低备用系统的隐蔽故障对序列 b_1 所产生的影响。其出现的概率为 $p_M p_{SI} T^2 / 2 = 2 \times 10^{-9}$（每次飞行）。

选项 4：备用系统可靠性的任何提升，可以从 b_2 对总概率所产生的影响上按比例体现出来。

8. 注意事项

① 共模故障

通常在计算多重故障概率时假设故障彼此完全独立（即一个故障不会对其他故障产生影响），这是一种带有一定风险的假设。因为实际上，多重变量因素会对这种理想上的假设产生影响。

例如：在 3 台发电机示例中，如果每个发电机出现故障的概率是 $P = 10^{-3}$，则总发电机故障概率为：$(10^{-3})^3 = 10^{-9}$。但是，假设共模故障（如共用汇流条）的故障概率为 10^{-7}，则系统整体故障出现的概率将会变为 $10^{-7} + 10^{-9} = 1.01 \times 10^{-7}$，而这个概率值是无法令人接受的。

因此，在考虑系统故障时，应时刻注意是否存在共模故障和/或级联故障，确保将其包含到定性/定量评估之中。

② 故障序列

到目前为止，一般都假设飞行中出现故障的序列对最终结果不会产生任何影响，但也有特殊情况需要考虑。

例如：备用系统的启动取决于主系统故障以后的告警。如果告警系统也已经无法运行（如发生隐蔽故障），则备用系统将不会运行，因为飞行员不知道需要启动它。

对于两个系统，其中一个系统在另一个系统之前发生故障的概率近似于两个系统同时出现故障的概率的一半。

这种观点也适用于三个系统。故障出现的顺序可以是 ABC、ACB、BAC、BCA、CAB 或 CBA。因此,某一种序列其出现的概率为 $p_A p_B p_C T3/6$。

以 A 和 B 为例:如果故障序列无实质意义,则两个系统同时发生故障的概率为 $P=p_A p_B T^2$

如果 A 必须在 B 之前发生故障

$$P_A=1-e^{-p(A)t}$$

A 在时间 t 之前发生故障的概率为

$$R_B=e^{-p(B)t}$$

B 正在时间 t 之前不发生故障的概率为

$$P_B=p_B dt$$

B 在时间 $t \sim t+dt$ 期间发生故障的概率为

$$P_{AB}=\int_0^T (1-e^{-P(A)t}) \cdot e^{-P(B)t} \cdot P_B dt$$

在时长为 T 的飞行过程中,A 在 B 之前出现故障的概率为

近似变化后,得出下列算式:

$P_{AB}=p_A p_B T^2/2[1-(p_A+2p_B)T/3] \approx p_A p_B T^2/2$, (对于 $p_A T$ 与 $p_B T$ 数值较小的情况)

③ 暴露时间

一些风险取决于暴露时间的长短,而另外一些风险则取决于以下因素:

a) 飞行阶段。例如,对于自动着陆系统来说,它的运行仅持续几分钟—在飞机进近的关键阶段开始之前,该系统还应可检查;

b) 部件运行次数。如每次飞行仅会运行两次的起落架装置。

这些风险与飞行时间无关。实际上,该系统的运行时间较短,且主要出现在飞行结束之时(如制动装置、襟翼等),这便使得系统本身的完整性极易受到隐蔽故障的影响,而这种隐蔽故障仅会在人们需要使用该系统时才会被发现。在这种情况下,如果每次使用中发生故障的概率为 p,则在飞行中该系统发生故障的概率便为 np,其中 n 代表每次飞行中系统的运行次数。

例如:如果发动机故障的平均概率为 1×10^{-4},那么三发飞机出现双发故障的概率 $P_{double}=3P^2$,$p_{double}=3P^2/T=3\times(1\times10^{-4})^2/T$,此故障最易出现在起飞阶段,假设该阶段时长为 60 s,那么在起飞期间出现双发故障的概率为 $p_{double}=1.8\times10^{-6}$/飞行小时。

因此,在评估总概率数值时(包括组合故障概率),需要注意个体概率是“每小时”类型还是“每次使用”类型。

6.2.3 确定基本事件的故障率

如何确定主要事件的发生概率是系统安全性评估的一个重要工作,分析中所需的数据有些来源于预测,有些则可以来自经验数据。

1. 从暴露某些事件发生的过程中收集而来的数据

严格讲,在部件的服役寿命结束之前,人们都不会准确地了解该部件的 MTBF。因此,之前确定的 MTBF 不具有真实性。但是,随着时间的累积,根据历史数据预测的 MTBF 会变得越来越准确,与飞机相关的具体故障统计数据如表 6.9 所列。

表 6.9　有用的飞机相关事件出现概率

事件	出现概率	事件	出现概率
汇流条故障	$P=1\times10^{-6}$	达到设计限制的突风与湍流	1×10^{-5}/飞行小时
电气控制系统互联	$P=1\times10^{-6}$	正常结冰	1
需要失速告警的飞行条件	10^{-2}(每次飞行)	重度结冰	1×10^{-2}(每次飞行)
导致失速的飞行状态	10^{-5}(每次飞行)	风速:起飞与着陆期间侧风大于 20 kn	1×10^{-2}(每次飞行)
一般遗落错误	$P=3\times10^{-3}$	风速:起飞与着陆期间逆风大于 25 kn	1×10^{-2}(每次飞行)

2. 特定部件的服役经验

需要注意,相同部件的 MTBF 在不同的应用环境是不同的。例如,经过认证的某部件在商用涡轮喷气机上服役寿命可能达到 15 年。在此期间,部件可能会被证实具有恒定的 MTBF。然而,如果该部件被安装到军用涡轮螺旋桨飞机上,由于受到环境因素影响,之前的 MTBF 假设便不再有效。

6.3　基于风险的安全性评估方法

风险为非预期事件的发生概率和危害程度的综合影响,用数学公式可表示为:

$$R=SP$$

R——风险

S——后果严酷度

P——发生的概率

图 6.11 所示为风险曲线,曲线表面,风险随着严酷度或事故发生概率的增加而增大。

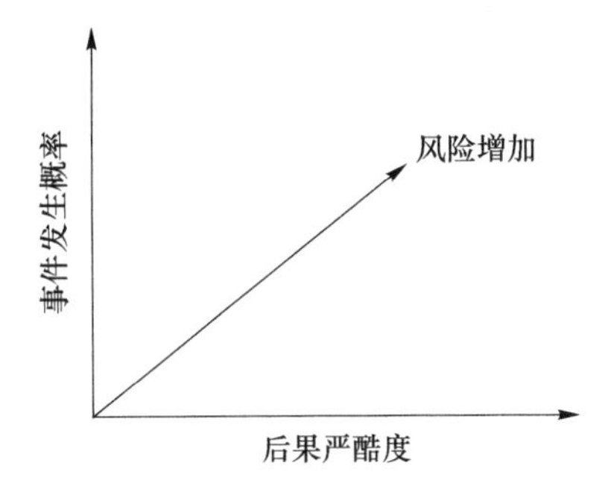

图 6.11　风险曲线

6.3.1　基于风险评估方法的优缺点

1. 优点

基于风险的安全性评估方法是常用的安全性评估方法,安全性目标是基于非期望事件造成的后果确定的。该方法具有如下优点:

① 针对风险的可接受水平提供了清晰的指导。它能够识别诱发风险的因素(设计、运行、维修、管理、环境等)并对其排序,同时评估随风险评估而产生的不确定性;

② 在应用于重大事故时非常有效,在此情况下发生概率相对较低而对运营经验要求较高;

③ 通过常用形式表述风险和成本,使得成本—收益分析成为项目管理的一个有用的决策工具。

2. 缺　点

基于风险的评估方法的不利之处(限制条件)有:

① 需要制定合适的风险标准,并且所有利害相关者需达成一致意见;

② 注意事故概率测量的衡量单位;

③ 风险受认知的影响,例如,科学家/工程师将风险与长期利益进行权衡,而社会则将风险的后果与当前利益进行对比。

并非所有的危险都能够导致事故。而且,根据事故发生的次序不同,任何一种危险都有很多可能的致因以及后果。这与危害的定义方式有着极高的关系,事故序列存在大量的不确定性,而且如果要考虑全部因素变量是不切实际的。风险评估依赖于判断决策,其整合了可靠性、可用性和维修性(RAM)工程分析,统计学,决策理论,系统工程,质量工程,传统工程分析甚至是认知心理学。评估事故序列中每种事件的发生概率变得非常主观(特别是在评估人为响应概率时)。同时,在事故序列中也不可避免地存在着人为错误。即使定量评估可能看起来非常客观,但是,核心输入数据通常又很主观或具有预测性。

6.3.2 评估标准

进行评估前需要先对风险进行分类,明确事故发生概率和事故严酷度等相关要求。

1. 风险分类

表 6.10 所列为英国国防部的风险分类标准。

表 6.10　风险分类示例

事故概率(定性)	灾难性事故	严重事故	轻微事故	可忽略事故
经常的	A	A	A	B
可能的	A	A	B	C
偶尔的	A	B	C	C
微小的	B	C	C	D
不可能的	C	C	D	D
极不可能的	C	D	D	D

A:这类风险不能容忍,并且可利用安全性手段予以消除。

B:这类风险是不期望的,只能在无法降低风险的情况下才会被接受。

C:在得到项目安全性审核委员会认可的情况下,可以容忍这类风险,可能需要标明该类风险是最低合理可行的。

D:在得到正常项目审核的认可之后,可容忍这类风险,无须进一步采取措施

2. 事故发生概率

事故发生概率中相关定性描述和定量描述之间的对应关系如表 6.11 所列。

表 6.11　事故发生概率分类

事故概率（定性）	事故发生（考虑系统所有状况下的全生命周期）	每运行小时定量发生概率
经常的	有可能连续体验到	$<1\times10^{-2}$
可能的	有可能经常发生	$<1\times10^{-4}$
偶尔的	有可能发生数次	$<1\times10^{-6}$
微小的	在某个时间内有可能发生	$<1\times10^{-8}$
不可能的	不可能，但例外情况下发生	$<1\times10^{-10}$
极不可能的	极不可能，时间根本不可能发生，这是由于在系统范围给出了相应假设	$<1\times10^{-12}$

3. 事故严酷度

事故严酷度分类如表 6.12 所列。

表 6.12　事故严酷度分类

可忽略的	轻微的	严重的	灾难性的
最多一人轻伤或轻微职业病	一个人重伤或职业病；和/或多人轻伤或轻微职业病	一人死亡；和/或多人重伤或严重职业病	多人死亡

6.3.3 基于风险的评估方法

1. 评估步骤

通常，基于风险的安全性评估过程按照如下步骤进行：

① 识别危险；

② 对每个事故的严酷度进行分类；

③ 确定每个事故的发生概率；

④ 通过发生的概率和后果严酷度评估对人员、财产、任务或计划成功的影响；

⑤ 风险管理。

2. 最低合理可行原则

图 6.12 所示为风险变化曲线，通过对风险的组成因子分析，如果要降低风险，可行的方法有降低严酷度和降低事故发生概率。

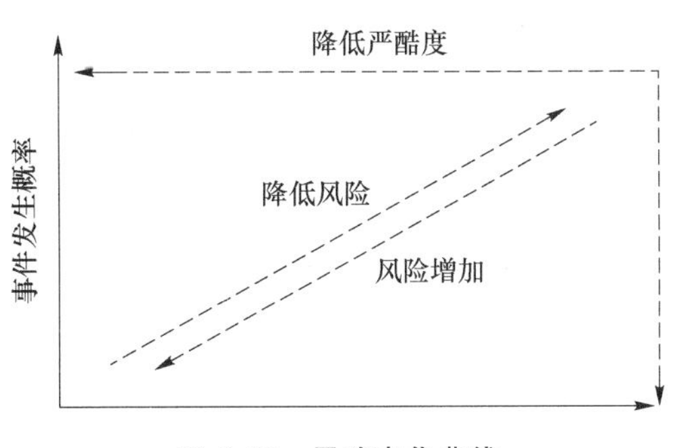

图 6.12　风险变化曲线

通常降低系统风险遵循最低合理可行原则。“可行”指什么能够办到，如降低事故发生的频率/严酷度。“合理”是指在成本、时间和风险之间进行平衡，即损害或者不利因素的风险等级必须与降低风险所采取的措施所耗费的金钱、时间以及遇到的实际困难进行权衡。

英国健康与安全执行局将风险分为 3 个层次，如图 6.13 所示，它是基于”尽可能合理可行”的法律标准，即损害或者不利因素的风险等级必须与为降低风险所采取的措施所耗费的金钱、时间以及遇到的实际困难进行权衡。如果风险造成的损害轻微，那么无须采取措施，风险越大就越应该合理可行地将费用具体化。

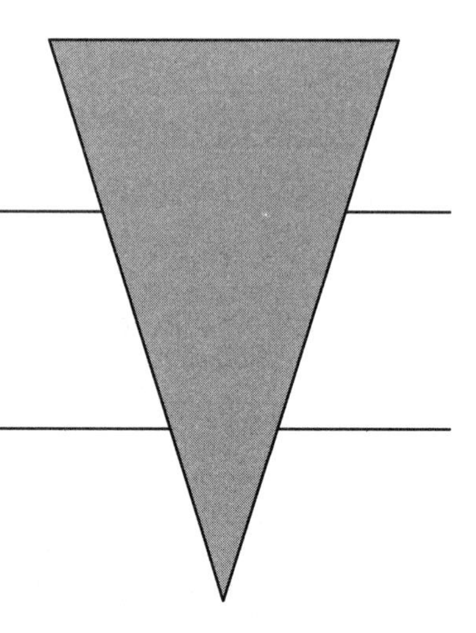

图 6.13　风险等级三角图

通常现代飞机设计制造只有在完成了成本—收益分析之后才能进行安全性更改，即新的安全性设计必须和已经做好的预算之间进行权衡。如果所采取的措施的代价超过所能拯救生命的价值，则不得实施。

6.3.4　风险管理

对于系统存在的风险，需要一个合理的方法进行风险管理。风险管理指决定接受已知的或者已评估风险和/或采取措施以降低风险后果或者发生概率的过程。风险管理并非为了消除所有风险，而是将风险减低到最低合理可行原则的范围，将风险降低到公众或管理部门可接受的程度了。

1. 风险管理方法

风险管理包括如图 6.14 所示的 5 个要素：

① 风险识别：确定有可能造成不可接受的安全性等级的条件和环境；

② 风险评估：给出适航性风险的度量方法；

③ 风险控制：控制降低风险措施的使用；

④ 风险接受：接受风险；

⑤ 风险跟踪：跟踪风险以确保其不发生变化。

2. 风险管理过程

风险管理过程如图 6.15 所示，该过程具有迭代性。

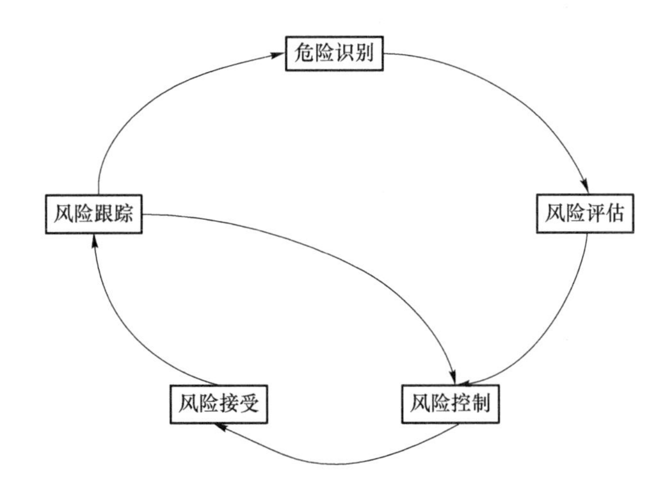

图 6.14　风险管理 5 要素

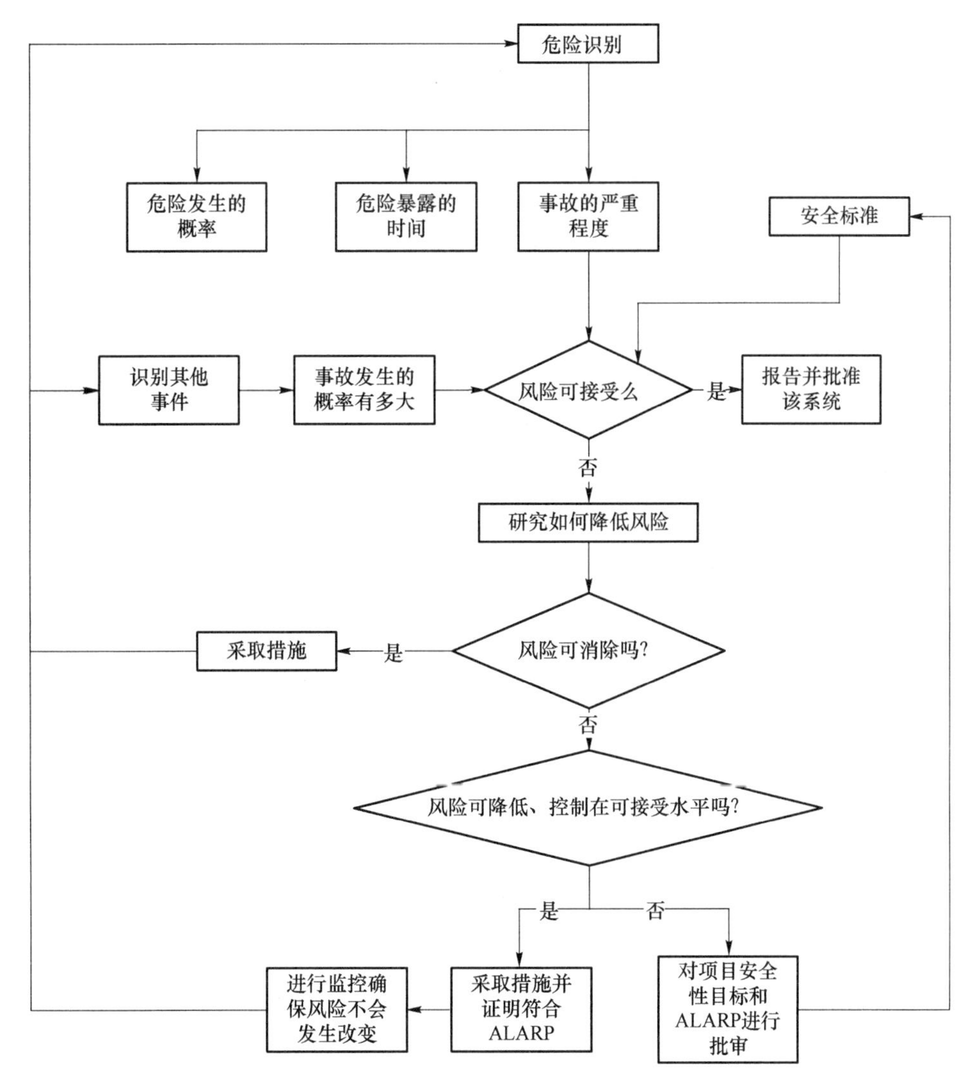

图 6.15　风险管理过程

3. 风险管理策略

风险管理不仅要降低风险，同时要在降低风险所取得的收益和付出的代价之间寻求平衡。因此，在权衡的情况下，会根据具体的情况决定需采取的风险管理策略。常用的风险管理策略有：

① 根除：消除导致事故的隐患；

② 分散：按运营阶段或运营时间，将风险分散在不同的机构中；

③ 转移：使其他人接受损失和承担责任；

④ 接受：接受当前损失；

⑤ 避免：取消或者推迟涉及风险的活动或者停运有风险的设备；

⑥ 降低：采取措施降低潜在的事故。目标是通过最有效的放式活动最大收益。在执行过程中要考虑以下几个方面：降低触发事件发生的可能性、在关键功能中提供多层次的安全防护、降低安全装置的故障概率。

6.4 基于目标的安全性评估方法

航空领域可接受的安全性水平，通常情况下是根据可接受的飞机事故率进行定义。飞机事故共有两种主要的致因：操作（如飞行员错误、气象和操作程序错误）和技术问题（如设计错误、制造错误、维护错误和部件故障）。在认证新的系统时，设计人员往往关注的是系统技术的完整性，以及该系统是否围绕着运行需求而设计的。多年来，人们根据特定要求、“单点故障”准则和“失效—安全”设计理念评估飞机系统。研制新机时，要求执行更多的安全性—关键功能，即必须考虑一项或多项功能丧失后的情况下对飞机和乘员的危害，并需要考虑系统在执行不同功能时的相互影响。除了“失效—安全”理念，还要设定某些类别的安全目标，针对目标来评估系统构架的完整性。

6.4.1 目标概率

必须明确，事件的严酷度和发生概率之间是反比关系，其曲线划分为可接受区域和不可接受区域，如图 6.16 所示。在评估设计的可接受性时，首先应当确立合理的失效概率值，并且应明确，造成功能丧失或者严重事故条件的事故的发生概率应和其对飞机及其成员的危险等级之间存在着反比关系（这种“危险等级”通常称为后果严酷度），进而判断事件的目标与严酷度所处的区域是否可接受。

6.4.2 定量/定性目标

首先建立定量/定性安全目标，如表 6.13 所列，并在其后的安全性检查中进行评估和管理。通过在失效的严酷度及其发生概率之间形成的反比关系来管理失效影响。也就是说，预期的灾难性失效的影响在该型飞机机群中绝不能发生。当严酷度等级低于“危险的”时，可允许经常发生这种失效情况。对每种故障模式依据其危害程度分配一个定性或定量目标，如表 6.14 所列。

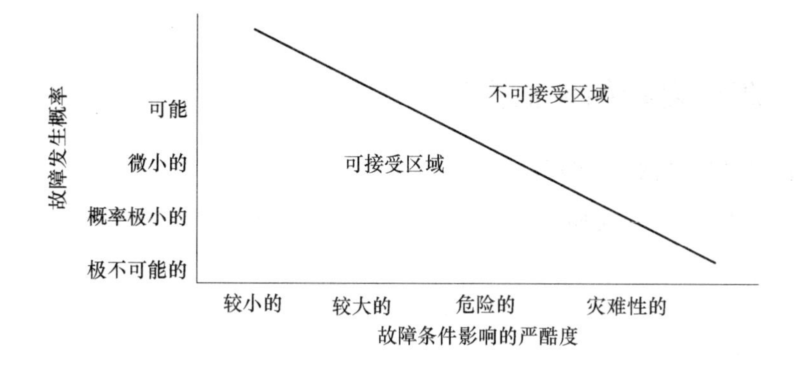

图 6.16　严酷度与发生概率的关系

表 6.13　典型的安全性目标

严酷度	无安全影响	较小的	较大的	危险的(影响较严重)	灾难性的
允许发生的概率	经常的 (可能)	合理可能的 (可能)	微小的 (不可能)	概率极小的 (不可能)	极不可能的 (极不可能)
影响结果	故障条件可能不会影响安全性、操作能力或者机组人员的工作负荷。最多是干扰	安全裕度略有下降。机组人员工作负荷略有增加。会对乘员带来某些不便,可能需要采取操作限制或者应急措施	明显降低了安全裕度或者功能能力。明显增加了机组人员工作负荷并对机组人员工作效率带来影响。对乘员带来一定的不适感。要求采取操作限制或者应急措施	大幅度降低了安全裕度或者功能能力。给机组带来较大的工作量或者压力。对乘员造成不良影响	阻碍继续安全飞行和着陆的所有条件

表 6.14　定性/定量概率

允许概率	经常的	合理可能的	微小的	概率极小的	极不可能的
定性定义	预期发生多次	在每架飞机全生命周期内,预计发生一次或者几次	在飞机全生命周期内,不可能在每架飞机上都发生。但是在整个同类型飞机的机群服役期间可能发生多次	在飞机全生命周期内,不会再每架飞机上都发生。但是在整个同类型飞机的机群的服役期间可能发生几次	在整个同类型飞机的机群的服役期内不可能发生
定量定义	在整个同类型飞机的机群中发生概率大于 10^{-3}/飞行小时	在整个同类型飞机的机群中发生概率大于 10^{-5}/飞行小时,但低于 10^{-3}/飞行小时。“合理可能的”意味着在机群中可能发生多次	在这个同类型飞机的机群中发生概率大于 10^{-7}/飞行小时,但小于 10^{-5}/飞行小时。“微小的”意味着在一架飞机中可能发生一次,或者在机群中发生多次	在整个同类型飞机的机群中发生概率大于 10^{-9}/飞行小时但小于 10^{-7}/飞行小时。“概率极小的”意味着在整个急群众可能发生一次	在整个同类型飞机的机群中发生概率小于 10^{-9}/飞行小时。“极不可能的”意味着在机群中不可能发生

6.4.3 基于目标的评估方法

1. 基于目标的安全性评估步骤

基于目标的安全性评估按照以下步骤进行：

① 识别故障/危险；

② 评估对系统的影响；

③ 分配安全性要求/目标；

④ 证实安全性目标的实现。

这些安全性目标对系统的方方面面均有影响。如果过于严格，则会对成本、能力、性能等方面造成一定的影响。如果不够严格，那么，服役过程中所遇到的较高的故障率将变得不可接受，进而造成客户资源流失、较高的经济损失以及公司声誉受损。因此，应当与适航管理机构在产品研发的全生命周期的早期便对安全性目标达成一致意见。

2. 基于目标的安全性评估过程

任何基于目标的安全性评估过程均包括以下 3 个基本过程：

① 识别故障模式或者危险情况/事件；

② 为这些故障模式分配安全性目标；

③ 证实安全性目标已经满足。

3. 基于目标的评估方法优缺点

(1) 优　点

我们知道，事故难以预测，而技术故障容易预测。因此，该方法为系统失效的严酷度提供了清晰指南，给出了系统需要满足的最低安全目标。同时，国际公认的安全性标准的应用为各方在项目集成和适航认证方面提供了公平的环境。

(2) 缺　点

基于目标的方法不区分不同事故的严酷度，只关注技术故障发生的概率。并且某些特殊的目标分配所采用的方法将不再被社会接受。同时，该方法主要用来考虑仅系统发生的故障，并未考虑操作危险或人为错误。

6.4.4 两类方法的综合

基于目标的方法和基于风险的方法可通过如下的过程实现综合：

1. 在系统合格审定期间，表明失效严酷度和失效概率之间的反比关系

运用基于目标的方法证明失效严酷度和概率之间存在反比关系。

2. 识别危险

从致因/失效中，按照如表 6.15 所列内容识别出在系统使用中有可能导致事故的危险。

表 6.15　危险严酷度

灾难性的	造成多人死亡
危险的	降低了系统功能或者操作人员应对不利情况的能力，并且对安全裕度和系统功能方面造成较大幅度的下降。机组人员有压力或者过大的工作负荷使得他们不可能精确地完成操作任务，或者对少数人造成了严重或者致命的伤害(并非飞行机组人员)
较大的	造成系统性能大幅度下降并明显增加了操作人员的工作量，增加了工作压力，安全裕度明显降低，有人员受伤。较多的职业病和/或严重的环境损害和/或较大的财产损失
较小的	并未明显降低系统安全性。操作人员所需采取的措施在其能力范围内，包括轻微降低安全裕度或者系统功能、略微提高工作量，如日常飞行计划的改变以及造成飞机乘员一定程度的身体不适(不包括操作人员)。轻微职业病和/或轻微环境损害和/或轻微财产损失
无安全影响的	对安全性无影响

3. 评估这种危险演变成事故的概率，

按照如表 6.16 所列，评估危险演变成事故的概率。

表 6.16　后果的发生概率

合理可能的	定性：预期在全生命周期内每个产品发生一次或者几次 定量：每运行小时的的发生概率等于或者大于 1×10^{-5}
微小的	定性：在全生命周期内不会在每个产品都发生，但在全生命周期内同类型产品中可能会发生多次 定量：每运行小时的发生概率低于 1×10^{-5}，但高于 1×10^{-7}
概率极小的	定性：在每个产品全生命周期内预期不会发生，但全生命周期内同类产品中可能会发生几次 定量：每运行小时发生概率低于 1×10^{-7}，但大于 1×10^{-9}
极不可能的	定性：非常不可能，在整个系统或者机群的全生命周期内预计不可能发生 定量：每运行小时发生概率低于 1×10^{-9}

4. 由事故严酷度及其发生概率来判断风险。

建立如表 6.17 所列的风险矩阵进行风险评估。

表 6.17　风险评估矩阵

严酷度 可能性	无安全影响的 5	较小的 4	较大的 3	危险的 2	灾难性 1
合理可能的 A	低	中	高	高	高
微小的 B	低	低	中	高	高
概率极小的 C	低	低	低	中	高
极不可能的 D	低	低	低	低	中

识别出风险等级后，对不同的风险等级进行分析并决定采取的处理措施。对于高风险隐患，需要在危险追踪系统中进行追踪直至风险降低，或者在适当的管理水平上可接受。对于中度风险隐患，在管理层审核的情况下，该风险可接受。需要在危险追踪系统中进行风险追踪。

对于低风险隐患,无须审核即可接受。

6.5 飞机系统安全性综合评估

安全性评估过程包括要求的产生和与飞机研制活动相配合的验证性工作。该过程要提供一套方法来对飞机功能以及实现这些功能的系统设计进行评价从而判断是否相关的危险已经得到恰当处理。安全性评估过程可以是定性的,也可以是定量的,在不同的研制阶段采取不同的方法进行评估。

6.5.1 功能风险分析法

1. 定　义

在飞机/系统研制周期的初始要进行功能风险分析,借此查明与飞机功能及功能组合相关联的故障状态并对其进行分类。对这些故障状态的分类将形成相应的安全性目标。

功能风险分析法是在系统方案设计的早期进行的关于系统功能故障的风险等级分析,是所有系统安全性分析工作的基础。它的主要目的是确定系统安全性设计目标或设计基准,确定系统各种功能故障的风险等级和容许概率。这既是系统安全性设计的指标,又是后继故障树分析的顶事件容许概率,据此制定系统和设备研制或采购的安全性规范。

在进行系统功能风险分析时,要按照所规定的分系统和部件的编号顺序,依次列出系统全部功能,提出因预期的功能丧失、误动作、外部故障等原因导致的危险性后果以及这些后果对其他系统或乘员的影响,确定故障的危险性程度和等级。由于危险性等级对应着适航当局规定的容许概率,据此可以确定系统的安全性设计基准和指标,确定其他安全性分析的范围和深度。

2. 内　容

功能风险分析的对象是系统的功能故障,而不是具体结构和硬件的故障。功能风险分析包括以下内容:

① 在各种可能的工作方式下系统完成的全部功能,包括测试、维护和应急工作;

② 功能故障的影响程度及严重性等级;

③ 有潜在危险的因素;

④ 环境的影响;

⑤ 可能的共因失效源;

⑥ 人为失误;

⑦ 拟采取的纠正措施和合格审定方法。

6.5.2 系统故障模式及影响分析

1. 定　义

系统故障模式及影响分析(SFMEA)是一种自下而上的系统安全性分析,它的目的是确定系统中发生的任何设备的单点故障能否导致影响飞机和乘员安全的后果。SFMEA 分析是针对系统中的具体设备(外场可更换单元)的,需要在设备的细节设计和分析资料具备的条件下进行。在进行分析时，应列举系统中每个外场可更换单元在各个工作阶段有可能发生的每一种故障模式，分析其对系统、飞机和乘员的影响程度和严重性，分析故障警告的方式以及机组人员对故障的处理方法或纠正措施，从而确定任何单一故障是否符合适航条例所规定的安全性要求或功能风险分析所确定的安全性设计指标。

2. 内　容

系统故障模式及影响分析包括以下内容：

① 单元名称；

② 单元功能；

③ 故障模式：确定与被分析单元有关的所有可能的和潜在的故障模式和人为差错；

④ 故障原因；

⑤ 任务阶段：说明故障发生时飞机所处的任务阶段；

⑥ 故障影响：说明该故障模式对设备功能和使用造成的直接或间接影响，包括对本系统、其他系统和飞机的影响；

⑦ 故障检测方法：说明用以检测该故障模式发生的方法和故障报警方式(声响、信号或灯光)；

⑧ 纠正措施：说明用以消除或减轻故障影响的纠正措施，包括设计措施和操作人员的应急纠正措施；

⑨ 严重程度分类：根据故障的影响程度，纳入功能分析风险结果中所规定的安全性等级；

⑩ 其他技术建议：说明为改善产品的安全性需要采取的任何技术建议。

6.5.3　故障树分析

1. 定　义

故障树分析(FTA)一种自上而下的图解式故障逻辑分析法，用以证明和分析系统的原理设计和结构组成方案满足系统功能风险分析(FHA)中所确定的安全性设计准则。

故障树起始分析点即顶事件，是该系统最不希望发生的对安全性有重大影响的事件。顶事件及其容许概率，均来源于功能风险分析。顶事件是根据被分析对象的功能和安全性影响选定的。顶事件选定后，根据逻辑分析和原理分析，自上而下地列出有可能危及安全的各种事件和故障模式，逐级向下分析，直到不能再分解的最基本故障模式为止。

故障树分析法既能定性地分析得到导致顶事件发生的最小割集，又能定量地计算出顶事件发生的概率。故障树分析的结果，可以确定系统潜在的安全性风险，有助于对相应的设计方案进行决策和提出纠正措施。用于安全性分析的故障树分析技术与可靠性分析中的相同，它们都是一种表示故障模式和故障原因之间逻辑关系的图形演绎方法，不同的是，安全性分析树提供的是与系统安全性有关的顶事件，它所分析与评定的仅限于影响安全的故障状态及其对系统安全性的影响。

2. 基本步骤

① 描述系统的工作原理；

② 根据系统原理，示出系统的全部功能连接关系(或功能框图)；

③ 根据系统功能风险分析中确定的Ⅰ、Ⅱ类故障状态，选择合理的顶事件

④ 从顶事件开始，自上而下地分析导致上级事件发生的原因，用相应的逻辑门图形符号连接起来，这样逐级向下分析，直到最基础的单元和最基本的原因为止，形成故障树；

⑤ 对故障树进行简化、整理，求出最小割集（MCS），以便进行定量和定性分析；

⑥ 利用布尔代数或计算机模拟，进行定量计算。利用计算机进行故障树模拟分析时，大多采用蒙特卡洛（Monte Carlo）法进行模拟。

6.5.4 区域安全性分析

区域安全性分析是根据特定的分析程序和准则，适时地对飞机或飞机的一部分进行安全性分析检查，判断飞机的系统与系统之间、设备与设备之间的相容性，以评价其安全性程度。区域安全性分析工作一般是在系统或设备进行完 FMECA（FMEA）之后进行，适用于对飞机设计图纸、样机、产品实物作分析检查。

区域安全性分析的目的是判断系统或设备的安装或维护是否存在不安全因素。

1. 区域安全性分析内容

① 设备或系统的安装对标准或规定的符合性；

② 各系统之间的相互影响；

③ 维修失误产生的后果；

④ 环境（诸如雷击、火灾、外来物等）对系统的影响。

2. 区域安全性分析的重点

区域安全性分析重点是分析系统的实际安装环境的安全性，对系统安装的内部和外部条件以及系统之间交联状况的分析，特别强调对冗余系统或冗余部件在安装时有无足够的隔离措施进行分析，以避免某种共同的外来因素或突发事件使整个系统全部失效。

区域安全性分析必须在系统总体布局和安装设计已经确定或正在进行的时候才能进行。区域安全性分析从列举该区域中安装的全部系统和部件开始，对每个系统和各部件的安装条件，对设备与周围部件的连接情况和相互关系逐一进行详细分析。参照部件及系统包括导线、导管、特殊部件的各种安装标准和安装规定，寻找和检查有无导致各种潜在危险的安装设计和故障根源。

3. 区域安全性分析需特别注意因素

区域安全性分析时，应特别注意以下因素的影响：

① 温度、压力、振动、冲击、加速度、电磁干扰、易燃液体、腐蚀性液体、电气故障、高能碎石等因素对系统的影响；

② 区域中对部件保护和隔离的措施是否适当；

③ 在制造、使用和维护过程中是否产生影响安全的因素。

4. 具体分析步骤

区域安全性分析流程按照如图 6.17 所示进行：

① 将飞机分成若干相对独立的区域，如图 6.18 所示，对每个区域分别进行分析评估；

a）区域划分按照飞机的梁、隔框和地板等界面，同时兼顾维修性要求。应符合以下原则：

b）区域划分应简明，尽量将故障相关的相邻部分划分在同一个区域内；

c）各区域尽可能按实际有型的边界来划分；

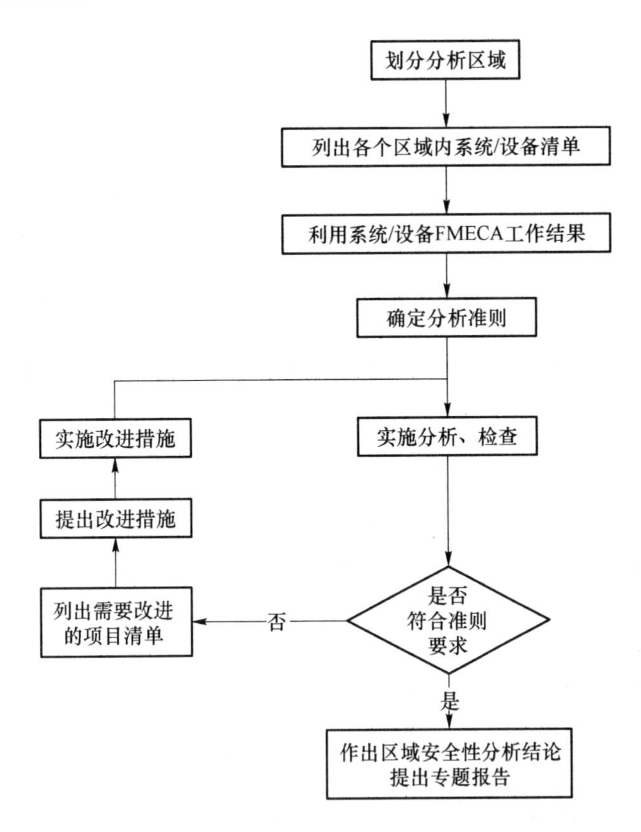

图6.17　区域安全性分析程序流程

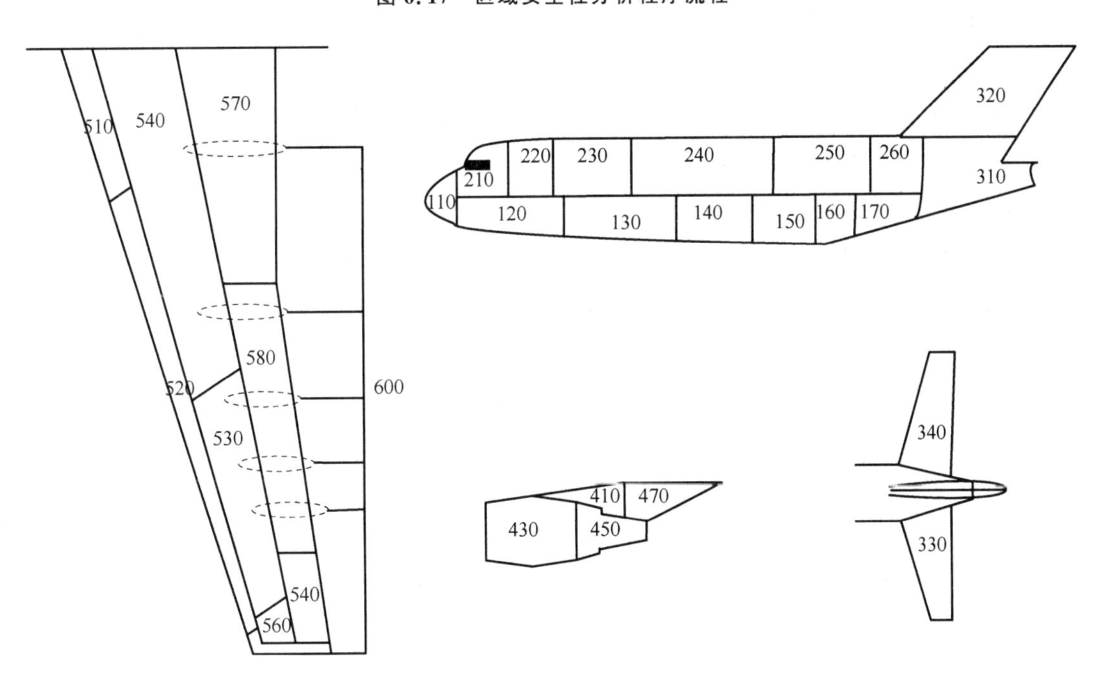

图6.18　区域划分示例

d）区域大小以能在此区域内做仔细、全面的分析，判定其故障影响为宜；

e）区域边界应将相关的结构、侧壁包含在内，应对区域边界作具体说明；

f）划分的区域应进行区域编号，编号的顺序为：机翼由内到外、由前到后，机身由前到后，垂直安定门有根部向尖部。

② 确定与该区域设备安装有关的通用安装规则和专用安装规则；

如导管、导线和钢索的安装规定，电气、液压、燃油、滑油、操纵系统的通用安装规则和专用安装条件，作为安全性分析的依据。对运输类飞机，还应按25部所规定的各种要求确定安全性准则，如紧固件的安装还应符合25.607中的要求，结构保护应符合25. 609中的要求等。

③ 确定该区域中有可能产生不利环境条件（例如：热、压力、振动、电磁干扰、高能碎石、燃烧、腐蚀等）的根源；

④ 列出在正常和故障状态下，可能受到不利环境影响的所有部件；

⑤ 检查所有冗余设计和安装是否符合安全性要求；

⑥ 检查各系统相互间的安装影响和环境影响；

⑦ 检查和分析各种突发事件和外部环境对部件的影响；

⑧ 分析各种可能的制造误差和维修失误对安全性的影响；

⑨ 检查部件的安装条件和安装误差是否符合规定；

⑩ 为确保安全拟采取的各种技术措施，例如隔离、保护手段、特殊安装、冗余设计等措施。

6.5.5 基于系统安全性分析的验证流程

运输类飞机适航标准（如CCAR 25、FAR 25、JAR 25）是民用飞机进行适航审定的基本依据。CCAR(FAR/JAR)25.1309规定了民用飞机必须满足的设备、系统与安装方面的安全性要求，对于民机在设计过程中如何满足CCAR(FAR/JAR)25.1309的要求，国外已经形成了较为完善的理论体系，提出了相应的适航符合性验证流程。我国由于民机研制起步较晚，民机安全性设计落后，在适航符合性验证方面的研究才刚刚起步，现行方法大都由国外标准直接翻译而来，适用性较差，还需要不断适应完善。图6.19所示为结合某在研支线飞机安全性设计与适航工作的实际情况，对民机适航符合性验证方法进行探索研究，初步建立的民用飞机适航符合性验证流程。

可以看出，安全性评估流程贯穿飞机整个研发过程。在概念设计阶段产生并建立安全性要求，在飞机整机和系统级，运用FHA和FTA等技术方法，进行安全分析。随着设计的推进，进行初步系统安全性定量和定性评估，此时运用的方法有FTA、CMA、ZSA和FMEA。安全性评估的结果如果通过适航司审定，则表示该型号的安全性达到适航要求，但如果不满足要求，则会返回整机级进行系统安全性要求的重新分析和分配，重新进行安全性设计分析及评估，整个过程具有迭代性的，直到达到适航要求通过适航审定。

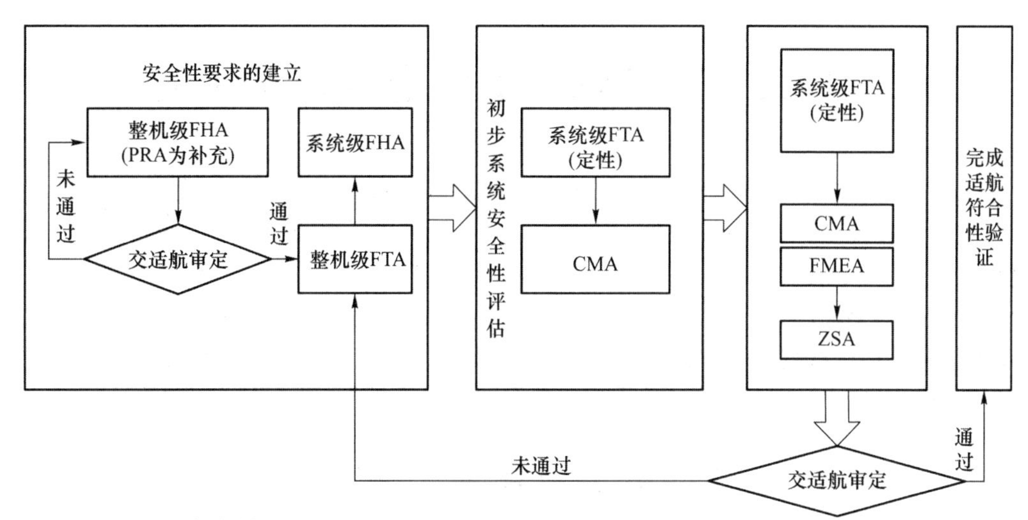

- FHA：功能危险分析
- FTA：故障树分析
- FMEA：故障模式影响分析
- CCA：共因故障分析（分三类）
- PRA：特殊风险分析
- CMA：共模故障分析
- ZSA：区域安全性分析

图 6.19　系统安全性验证流程

本章思考题

1. 什么是风险，简述基于风险的安全性评估方法的优缺点。
2. 简述基于目标的安全性评估方法的优缺点。
3. 简述故障树分析系统安全性的基本步骤。

第7章 飞行安全的发展趋势与挑战

未来，民用航空在飞行安全方面的技术基础、思维方式、社会要求、环境因素、监控手段和方针政策等与过去相比都会有很大的不同。首先，系统的一体化和整体性加强。其次，先进技术应用更多，系统更加自动化、智能化。第三，对人员素质的要求更高。飞行人员由操作者上升为系统的管理者、决策者，这本身就要求对整个系统更加理解。而现代大系统又如此之复杂，几乎集合了现代科技的一切成果，涉及到众多学科的知识。因此，未来的飞行安全将围绕几个以下方面发展。

7.1 人工智能与飞行安全

数十年以来，随着技术水平的飞速发展，航空设备自动化程度越来越高，未来可能逐渐进入自动化、智能化飞行的时代。从人工智能的首次提出到现在，也历经了数十年的长足发展，中国、美国、欧盟和日本都大力投入资金，并在政策层面强调和推动人工智能的发展。一些人工智能技术已经或正在扩展到民用飞机领域，智能飞机有望成为服务于未来客户和市场需求的主要产品，将引领未来新一代民机技术升级换代，世界主要民用飞机制造商都在为这一目标进行技术研究和储备。与此同时，人工智能技术也将为飞行安全的发展翻开新的篇章。

(1) 飞机设计与智能驾驶

关于飞机的安全性设计以及驾驶，讨论最多的应用是智能自主飞行。飞机将不可避免地依赖人工智能系统，例如智能驾驶舱、智能飞控系统等，确保安全飞行和着陆。

目前民用驾驶舱已经综合了多项新型信息化技术，打造智能驾驶舱的目标是进一步改善飞行员的工作环境，降低飞行员的工作负担，提高飞行的安全性。未来设计智能驾驶舱，需要全新的驾驶舱布局和人机分工，结合人工智能领域的视觉、语音、决策等多方面的技术进展，形成人机混合智能驾驶系统。智能飞行控制方面，动态飞行任务包括飞行管理、动态计划管理、授权管理等，飞行剖面任务包括智能滑行、智能滑跑、智能爬升、智能巡航、智能进近等。飞机可采用包括物理和软件的全集成开放式系统智能架构，满足综合信息处理和计算的需求，保证智能飞机的升级迭代和自主学习能力的实现。未来可能发展至采用一名飞行员甚至无人驾驶的自主系统操控下，保证飞行的安全性和完整性。

除了智能驾驶和自主飞行之外，人工智能技术将为设计新系统开辟道路，这将改变飞行员与系统之间的关系，例如降低飞行员负担，使其能够更好地集中精力于高附加值的任务；在机器的协助下，将人类置于复杂决策过程的中心；以及解决人体性能限制的影响等。人工智能还可以就飞机管理问题、飞行任务及飞行战术提供更好的建议，帮助机组人员特别在高工作量情况下作出决定，并根据作业环境和机组人员的健康状况预测和预防一些危急情况，避免飞行事故发生。

(2) 飞机生产和维护

飞机生产和维护中处理的数据量持续稳步增长，因此，应用人工智能技术处理这些数据，将有利于提升飞机的生产和维护水平，进而提升安全性。要提到的趋势包括：在飞机制造中发展数字孪生、在生产链中引入物联网、在飞机维修中发展预测维护等，都将需要使用人工智能技术。

例如，波音公司将先进工业机器人应用于飞机生产任务，B787 的移动后缘装配中采用了机器人集成装配技术，集成了钻孔、检测、紧固的功能，这种新型机器人系统可以在一个月内生产 14 组、每组多达 2 万个紧固件的移动后缘，完成了 28 万个紧固件的钻孔和定位，大幅度提升了飞机智能装配水平。2016 年，波音获得了一项“拼装式飞机机身自动化”的可移动智能的概念：6 个装配单元将基于生产速度和订单分派任务，通过运送物料的自动导引车控制工作流程和时间节点，一旦各就各位，可移动机器人将从等候区域进入装配单元开始工作。未来这一概念还将进一步提升和运用，有望为民机智能生产体系带来革命性的突破。

智能维护是一种新型维护理念，由传统的被动维护模式转变成主动维护模式，在数字化信息收集、分析以及处理的基础上对机载设备进行性能和故障预测，达到自我维护状态。智能飞机状态监控系统、智能维护系统是飞机智能维护的两个系统。智能化飞机状态监控通过部署传感器对飞机运行状态、飞机结构腐蚀状态进行检测，同时不间断地通过卫星、数据链和无线网络等通信技术将信息源数据传送给地面维护系统。智能维护系统通过接收智能飞机状态监控系统的源数据，并对源数据信息进行数字化分析、处理，从而给飞机提供快速、精准的维护方案，提高维护效率，减少维护人员的工作负担。国际先进的飞机制造商已经建立起了基于空地双向数据通信系统的健康管理系统，远距离连接地面系统，在飞机的全寿命周期内进行健康管理，通过实时收集飞机状态信息，及时获取飞机健康状态，使维修人员在飞机落地前做好检修准备工作。例如，空客的飞机维修分析可被一百多个客户使用，不断监测健康状况，并将故障或警告信息发送到地面控制，提供快速访问维修文件和故障排除步骤，优先考虑成功的可能性。有研究估计，预测维修可以将飞机的可用性提升 35％以上，安全性也将大幅提升。

(3) 空中交通管理

空中交通管理方面已产生大量的自动化辅助工具，人工智能未来也将广泛利用，提供更多的支持，使空管人员和飞行员能够专注于安全关键任务，例如改进任务规划、加强轨迹预测、解决冲突策略等。

在空中交通管理的工作中，最重要的就是飞行的流量管理以及飞行冲突的探测和解决，这是保障飞机飞行安全的前提。飞行流量的管理能够提高空域的利用率，在有限的空域内合理安排飞行，提高飞行效率。飞行冲突在飞机越来越多的今天时有发生，飞机的飞行路线因为各种原因可能会出现碰撞的危险。人工智能技术在空中交通上的应用主要是依靠三个人工智能辅助系统来实现的，包括冲突探测与解脱系统、飞行流量管理系统、辅助决策系统。这三个部分在整个人工智能交通管理过程中是缺一不可的，同时三者的关系也是相辅相成的，每一个子系统的工作都要依靠其余系统的支持。只有三个子系统共同工作，才能更有效地保证空中飞行管理工作的正常、有序进行，充分为飞机上的乘客提供最大程度的安全保障。

在飞行流量管理中，人工智能可将系统记录的所有航班信息做出整合和判断，智能推算出最合理的流量安排。智能辅助系统帮助空中交通管理人员作出最精准的航线分布情况统计、运行中的航班数量等，并针对统计出的数据规划最安全的方案，避免出现空中交通飞行流量密度太高的情况，也可以合理利用机场资源。在飞行冲突处理中，人工智能技术对飞机的起飞时间、飞行路线进行统计和分析后得到飞行可能会出现的冲突，找出多种解决方案，并在对方案进行分析后找出最能减少经济损失、最便于实施的解决方案。这种方案的最终敲定背后，是人工智能系统对飞行路线、飞行时间、停靠地点等多方面影响因素共同考虑得到的结果,对人工智能系统中的运算方法有非常高的要求。

(4) 其　他

人工智能技术的发展除了提升上述飞机设计、驾驶、生产、维护以及空中交通管理之外,还涉及飞行安全的诸多其他方面。例如飞行安全风险管理、网络安全等,人工智能技术对新出现的风险检测、事件的风险分类、安全风险组合设计和安全问题的优先排序等均有应用价值,理解数据、识别数据中的隐藏相关性,在不同的数据库之间充分利用数据融合,以及发现漏洞、检测异常、防御网络安全威胁等。可以预期人工智能技术将是处理实时安全数据流和启用实时风险管理的解决方案,为民航飞行安全产生关键的推动作用。

7.2　系统安全与综合预防

系统安全是现代安全科学的基本理论观点。系统安全的理论思维将是改善飞行安全进一步降低事故率的正确途径。

飞行安全的发展经历了从20世纪三四十年代的事故调查与预防到目的是系统安全与综合预防发展历程。事故调查与预防阶段,为了改善安全,常用的方法是在发生事故之后,采用"亡羊补牢"的做法,直接堵塞事故中暴露出来的漏洞。到了近代,随着管理科学的进步,人们开始着眼于整个组织的安全体系,采用系统工程的科学方法,发展了安全系统工程,从而大大推进了安全研究,并使安全科学作为一门独立的综合学科逐渐成长起来。然而组织的安全与组织的其他功能是相互依存的,密不可分的。特别是信息社会的到来,总体优化要求各个部分、各种功能相互渗透、相互结合、相互协调;而即时通讯手段使得这种渗透、结合、协调得以快速实现。在这种情况下,再把组织的某个方面分离开来考虑显然是不科学的。安全科学顺应这种发展,把安全纳入组织这个大系统,作为其一和基本状态、基本属性来考虑,从而形成了"系统安全"的观点。系统安全的观点无疑将是新世纪航空安全理论的基础,未来的飞行安全发展方向着重体现在以下几方面:

(1) 主动的、前瞻的事故分析

系统安全的观点认为,任何事故的发生都是由于系统自身存在缺陷的结果。事故的原因常常不是单一的,而是一系列事件的结果;每一不安全事件又有多层次的原因。分析事故就要验明所有这些原因,找出系统的薄弱环节;然后最优地利用可获得的资源,按照预先排定的优先次序,积极主动地完善整个系统,使系统更加"健康",着眼于治本。这种方法使每份投入都会产生持久的效果,是安全资源的最有效利用。这种方法将使系统越来越完善,安全状况越来越好,是良性循环的推动力。

(2) 管理层在安全方面的决定性作用

自系统安全的观点发展以来,分析事故向纵深追寻原因,管理层在安全方面的决定性作用也就随之突现出来。一线人员的不安全行为当然是事故的直接原因,但这些差错行为是在一定条件下发生的,而这些条件又取决于管理层。事实上,管理层,特别是决策层,提出要求、规定制度、控制资源,主宰着系统的运行方式,规定了一线人员的工作环境和文化氛围。一线人员的每一个差错几乎都可从管理方面找到原因。当然这不是说一线人员的差错可以原谅,而是说根治系统要从管理层根治起。

(3) 发展系统的防错、容错能力

防错、容错是现代化大系统的一个极其重要的安全属性。在航空器及其设备的软、硬件设计中，采用的诸如“破损安全”、“故障安全”、“余度设计”等理念，都是通过在一定条件下容许破损、故障、差错来提高可靠性的。人是有可能犯错误的，即使是优秀的航空人员也有可能犯错误。但是另一方面，信息时代的科学技术使得系统各部分间的联系是如此之紧密，反应是如此之快速，以致对任何一个局部错误都会非常敏感。因此，如何使民航人机系统，诸如机组与航空器、空管人员与空中交通管理自动化系统、签派人员与运行控制系统等等，发展防错、容错能力，是摆在航空安全管理人员面前的紧迫课题。

(4) 管理信息，发现隐患

系统安全的观点认为系统是发展变化的，而控制系统运行的关键因素是信息。未来的民用航空系统瞬间就可产生大量数据。如何高效地处理这些原始数据，把有用的信息提取出来加以利用，也是关键问题。此外，还有建立各类数据库，累积数据，并经科学分析以找出规律、判明趋势、预测发展等这样一些信息加工，以往属于科学研究的范畴，今后会成为日常安全管理工作的重要手段。

7.3　人因工程与飞行安全

在航空领域中，人永远是最为活跃的因素之一。随着科学技术的发展，设备的可靠性大大提高，而人逐渐成为了航空事故的主要因素。随着科学技术的发展，航空领域中新材料和新技术的大规模应用，飞机自身以及软硬件环境的安全性和可靠性都得到了极大的提高，目前，由于飞机设备故障所导致的飞行事故已经得到了极大的改善。但是，与此同时，在飞行事故人为因素的控制方面的进展缓慢，特别是在最近的20多年间，绝大多数的飞行事故都与人为因素有关。为此，目前人为因素已经逐渐成为了影响飞行安全最为主要的因素之一，对人的控制和管理，也成为提高飞行安全最为有效的手段。

关于飞行安全中的人为因素，随着时间的推移和研究领域的变化，重点和优先事项出现了显著转变。从20世纪40年代到70年代，减少工作量是一个优先事项。从20世纪70年代到90年代，增加情境意识是优先事项。从20世纪90年代到现在，不断推广组织安全。未来更多的需求集中在人为错误控制和飞机设计阶段开始减少人为差错。随着自动化、智能化技术的发展和人在系统中核心地位的确立，人为因素对航空安全的作用只会更加突出。技术进步必将使装备的可靠性进一步提高，但人为因素若得不到改善，总的事故率将不会明显降低。因此，要进一步降低航空事故率，必须大幅度改善人为因素。

为改善人为因素，航空界已经对人因工程进行了许多研究。但过去的研究，大多受限于生理学、心理学、人机工程等传统学科的界限，总体看来仍未能取得显著降低航空事故率的实质性突破。“认知工程”和“人素科学”等新兴学科正在兴起，对航空的安全与发展将发挥极其重要的作用。

7.4　中国民航的发展与挑战

21世纪以来，中国民航业得到快速的发展，民航业的飞行安全水平目前已经处于世界的高水平行列。自2004年空难后的16年里，中国民航班机仅在2010年发生了一起空难，截至2020年末，民航运输实现连续安全飞行10周年，亿客公里死亡人数十年滚动值从2010年的0.0091降低到0，百万小时重大事故率十年滚动值从2010年的0.097降低到0。然而2022年3月21日的空难再次敲响了安全警钟，终结了我国民航史上，也是世界民航史上最长的持续安全飞行记录——138个月、1亿飞行小时。

中国是民航运输量增长最快的国家，航空运输周转量仅次于美国，2019年美国民航运输9.26亿人次，中国民航运输6.6亿人次，差距缩小至30%以内；2020年因新冠疫情的影响，中国民航运输业的总客运量和部分机场的吞吐量均超过美国，成为全球第一。面对如此快速增长的航空运输总量，安全问题变得更加突出。因此，必须在安全技术装备、从业人员素质和适航管理等方面持续改进，适应时代发展需求，才能使飞行安全始终保持在世界高水平状态，实现飞行更加安全的目标。

参考文献

[1] 王迎新. 航空安全与航空事故防范实务全书. 北京:光明日报出版社,2002.
[2] 李奎. 航空安全管理. 北京:航空工业出版社,2011.
[3] (美)Don Harris. 航空安全与人为因素热点问题研究. 刘晓杰,等译. 北京:中国民航出版社,2007.
[4] 陈锦荣. 气象与飞行安全. 北京:气象出版社,2006.
[5] (美)Filippo De Florio. 适航性:航空器合格审定引论,张曙光等译. 北京:北京航空航天大学出版社,2011.
[6] CCAR - 25 - R4,运输类飞机适航标准. 北京:中国民用航空局, 2011.
[7] 飞机设计手册(第 05 册民用飞机总体设计). 北京:航空工业出版社,2005.
[8] (美)Michael C. Y. Niu. 实用飞机结构工程设计,程小全译. 北京:航空工业出版社,2008.
[9] (英)Duane Kritzinger. 飞机系统安全性:军用及民用航空应用. 北京:航空工业出版社,2013.
[10] 徐柏龄. 前车之鉴—新中国民航飞行安全回顾与思考. 北京:中国民航出版社,1999.
[11] 世界航空安全与事故分析(第 1～5 集). 北京:中国民航出版社,1998～2002.
[12] 宋兆泓. 空难杂谈,北京:清华大学出版社,2005.
[13] 刘清贵. 机长视野:飞行安全的理论与实践. 北京:中国民航出版社,2005.
[14] 刘汉辉. 安全飞行原理. 北京:中国民航出版社,1993.

参考网站

[1] 美国联邦航空管理局　http://www.faa.gov
[2] 欧洲航空安全局　http://www.easaeuropa.eu
[3] 国际飞行安全网　http://flightsafety.org
[4] 国际航空安全网　http://aviation - safety.net
[5] 国际航空运输协会　http://www.iata.org
[6] 国际民航组织　https://www.icao.int
[7] 中国民航总局　http://www.caac.gov.cn
[8] 中国民航安全信息网　http://aviationsafety.caac.gov.cn
[9] 中国民用航空安全信息系统　http://safety.caac.gov.cn
[10] 中国民航网　http://www.caacnews.com.cn/